Claude-Marie Vadrot

Guerres et environnement

Panorama des paysages et des écosystèmes bouleversés

CHANGER D'ERE

W0409103

chaux
iestlé

Si vous désirez être tenu au courant des publications de l'éditeur de cet ouvrage,
il vous suffit d'envoyer votre adresse, en mentionnant le pays, aux éditions :

Delachaux et Niestlé
La Martinière Groupe
18, rue Séguier
75006 Paris
FRANCE

Connectez-vous sur : **www.delachaux-niestle.com**

Vous recevrez régulièrement, sans engagement de votre part, nos catalogues et une information
sur toutes les nouveautés que vous trouverez chez votre libraire.

Conception graphique : Elisabeth Ferté
Préparation de copie : Claire Dauvel
Correction : Michèle Aguignier

Cet ouvrage ne peut être reproduit, même partiellement et sous quelque forme que ce soit
(photocopie, décalque, microfilm, duplicateur ou tout autre procédé analogique ou numérique),
sans une autorisation écrite de l'éditeur.

ISBN : 2-603-01339-4

© Delachaux et Niestlé, Paris, 2005.
Dépôt légal : août 2005

Tous droits d'adaptation, de reproduction et de traduction réservés pour tous pays.

Sommaire

AVANT-PROPOS

« Dégâts collatéraux » : l'avenir des hommes en question

Il n'y a pas à choisir entre les êtres humains et la nature

Les guerres, les guérillas, les guerres civiles, les révolutions réussies, prolongées ou avortées, avec leurs exodes de réfugiés intérieurs ou extérieurs, marquent d'abord les mémoires et les indignations par les morts, les blessés, les handicapés et les malades. Par milliers, par dizaines ou par centaines de milliers selon la durée ou l'intensité des conflits ; et aussi pour ceux qui meurent après les guerres, selon la fragilité des populations concernées et l'état de l'environnement qu'ils retrouvent. La Croix-Rouge internationale, comptable depuis des décennies des folies guerrières, a identifié 118 guerres et affrontements divers entre l'année 1990 et l'année 2000, guerres ayant entraîné directement au moins six millions de morts. D'autres ont éclaté depuis et certaines ne sont pas terminées puisque lors de son décompte terrible la Croix-Rouge précisait qu'un tiers des guerres qu'elle avait recensées durait déjà depuis au moins vingt ans, les deux tiers ayant déjà plus de cinq ans d'âge. Selon les sources, humanitaires, pacifistes, Croix-Rouge, Haut Comité des Nations unies pour les réfugiés et ONU, il y avait à la fin de l'année 2004 entre 126 et 148 guerres, guérillas ou conflits. En novembre 2004, lors d'un appel à la générosité adressé aux pays membres des Nations unies, le secrétaire général, Kofi Annan, assurait que 45 de ces conflits étaient totalement oubliés ou ignorés du monde entier.

Qui sait effectivement, par exemple, où le peuple karen se bat depuis une cinquantaine d'années, sinon les rares spécialistes guettant depuis longtemps la chute de la dictature birmane, qui utilise les troubles agitant le pays pour piller la forêt birmane ? Qui sait que les îles Salomon ont connu récemment cinq ans d'affrontements, et que leurs habitants sont aussi meurtris que leurs écosystèmes ?

Les bilans humains, toujours tragiques, des guerres obscures ou médiatiques qui secouent le monde figureront donc en permanence en filigrane de ce voyage au cœur des écosystèmes et des paysages bouleversés par les multiples formes d'affrontements armés que l'espèce humaine améliore chaque année. Sans oublier les 65 millions de mines antipersonnel qui menacent la vie des populations et la vie sauvage dans 56 pays. Sans oublier la mort des anonymes, ceux que l'on n'évoque jamais au moment de faire le compte des « dégâts collatéraux » et de « rendre les honneurs » aux combattants. Je pense depuis des années à ces enfants d'une dizaine d'années mourant déchiquetés à l'extrémité d'un quai du port de Durrës, sur le littoral albanais, parce qu'en s'affrontant les adultes venaient de rendre accessibles à tous les caisses de grenades avec lesquelles les gosses s'empressèrent de pêcher, de jouer. Détruisant, avec les vieilles grenades pourries et explosant parfois prématurément, leurs vies et celles des poissons que pêchaient leurs parents. À quelques dizaines de mètres, des femmes, des hommes et d'autres enfants sautant en catastrophe, certains se noyant, d'une vieille barcasse surchargée qui coulait avant même d'avoir largué les amarres vers l'Adriatique pour gagner l'Italie ; tandis que les tirs redoublaient sur la ville livrée à elle-même, tandis que du pétrole et des produits chimiques fumants échappés d'une vieille usine dynamitée s'écoulaient lentement vers une rivière et la mer. Jamais ne seront faits les comptes pourtant étroitement imbriqués de ces gosses se tuant bêtement, de la mer ravagée par les explosions et les produits chimiques, des femmes coulant à pic dans le port, des hommes s'entretuant dans la ville, de la rivière souillée et des oiseaux brûlés par la pollution.

Rappel que la mort violente des humains est tragiquement indissociable des dégâts infligés à l'environnement ou à la nature.

La loi du mort-kilomètre

Autre leçon amère rapportée des bouts du monde où des gens s'entretuent : l'intérêt, notre intérêt, pour les guerres et les conflits, tout comme pour les dégâts environnementaux qu'ils entraînent, est en général inversement proportionnel à leur éloignement. Une communauté nationale et son opinion publique ont tendance à s'émouvoir envers les morts et les dégâts en fonction de la distance, dans tous les sens du terme, qui les sépare du lieu des conflits et des catastrophes. Et un otage américain, roumain ou anglais n'a pas la même valeur, en France, qu'un otage bien de chez nous. Et réciproquement bien sûr. Cette inclination envers la sélectivité est partagée par une grande partie du personnel politique et des médias. Les journalistes vont même, lorsqu'ils sont cyniques ou blasés, jusqu'à évoquer le principe du « mort-kilomètre ». Une « loi » à la fois médiatique et humaine qui incite ou inciterait à laisser des conflits glisser peu à peu vers l'oubli. Or les guerres oubliées, ignorées ou lointaines pour l'égoïsme occidental, ne sont pas les moins meurtrières ou les moins pénalisantes pour la nature, bien au contraire ; celle qui accabla la population et le territoire du Timor-Oriental, aujourd'hui indépendant de l'Indonésie après une vingtaine d'années de combats, en constitue une preuve ; tout comme celle qui oppose les chrétiens et les musulmans aux Moluques en Indonésie ; ou encore celle qui met aux prises l'armée indonésienne et les séparatistes d'Aceh, toujours en Indonésie, près de l'épicentre du tremblement de terre à l'origine du tsunami qui a ravagé l'Asie à la fin de 2004 ; ou encore le conflit sanglant qui dresse les Tamouls indépendantistes contre les Cinghalais au Sri Lanka depuis une bonne vingtaine d'années ; au détriment de l'environnement, de la forêt. Mais qui va déplorer la disparition des arbres dans ces « bouts du monde » ? Ou celle des arbres de l'Indonésie, de la Sierra Leone et de la Côte d'Ivoire, quand il est déjà difficile de fixer son attention sur les hommes qui finissent par lasser en s'entretuant « si loin » pour des motifs obscurs ? On les oublie donc. Sauf évidemment quand ils tuent un Français (ou un Anglais pour la Grande-Bretagne, un Américain pour les États-Unis...). Autre exemple : la guerre du Sud-Soudan qui a mis aux prises les musulmans du Nord et les populations chrétiennes et animistes du Sud de 1956 à 2004, avec une « accalmie » d'une douzaine d'années entre 1972 et 1983, a été oubliée, ignorée pendant des décennies. Jusqu'à ce que la région soit si dévastée que la communauté internationale se trouve dans l'obligation (et s'en lasse...) de la nourrir parce que l'écosystème détruit ne peut plus produire grand-chose. Depuis le 31 décembre 2004, ce conflit qui était considéré comme la plus vieille guerre du continent africain est terminé dans la quasi-indifférence des opinions publiques et de la presse. Pourtant, famine comprise, le bilan mérite le détour et quelques images à la télé : au moins deux millions de morts et un environnement ravagé, une terre brûlée qu'il faudra des décennies pour remettre en état sans avoir la certitude que les dégâts ne sont pas irréversibles. Alors que des affrontements identiques, avec déjà des dizaines de milliers de morts et des centaines de milliers d'hectares ravagés fin 2004, se déroulent depuis février 2002 au Darfour, dans l'ouest du pays. Preuve hélas que les comptes ne sont jamais ni bons ni définitifs et que les peuples qui s'étripent entre eux ou chez eux peuvent toujours faire mieux, l'Europe l'a prouvé dans les années 1940 et récemment dans les Balkans.

La nature ne « tourne pas la page »

Au Sud-Soudan, comme dans de nombreuses régions meurtries par des affrontements, la paix ou au moins le calme revenu, les femmes et les hommes pleurent leurs morts, enfouissant leurs ressentiments au plus profond d'eux-mêmes, quitte à les exprimer plus tard par une autre guerre, un autre conflit, une nouvelle révolution. Parfois, les populations victimes oublient temporairement, volontairement ou sous l'influence intéressée des adversaires politiques réconciliés, quelles ont été les racines d'un conflit ou d'un état de guerre. Plus ou moins rapidement, les victimes reconstruisent leurs existences, « tournent la page », comme le racontent souvent les médias, qui eux aussi tournent la page pour reporter leur intérêt sur d'autres affrontements. C'est d'abord cela un conflit : le malheur d'êtres humains plongés dans une tourmente, arrachés à leurs habitudes, à leurs villes, à leurs villages, à leurs terres et à leur environnement. Un malheur plus ou moins occulté à moyen terme « parce qu'il le faut bien », parce qu'il faut vivre ou survivre. En oubliant également, parce qu'il le faut bien aussi, qu'une guerre, une guérilla ou une guerre civile a été très fréquemment un conflit pour contrôler, marquer ou récupérer un territoire qui en souffrira, qu'il s'agisse d'un pays, d'une nation, d'un bout de pays, voire d'une clairière fraîchement défrichée près d'un village ou à l'orée d'une grotte préhistorique près de laquelle broutaient les premiers animaux domestiqués.

Certains affrontements comme la Première Guerre mondiale, le conflit bosniaque, celui du Darfour et le conflit tchétchène en offrent une illustration tragique : les armées ou les hommes se battent férocement pour se prendre et se reprendre quelques hectares de terre, un village ou une province. Ces territoires ne sont plus ensuite que ruines et bouleversements tant ils ont été parcourus, brûlés ou pilonnés par les forces antagonistes, ce qui inflige aux paysages et aux écosystèmes des blessures dont la cicatrisation peut se faire attendre pendant des lustres. Cependant, la plupart des hommes s'attachent à oublier les affrontements pour revivre dans ces espaces toujours bouleversés ou transformés.

Notre environnement est fragile et, comme pour les dégâts industriels ou les agressions engendrés par des aménagements mal pensés, il est illusoire de croire, ou de faire semblant de croire, que le milieu naturel est capable de digérer toutes les agressions. La forêt primaire africaine dévastée par les affrontements ne repoussera jamais comme avant, pas plus que celle du Guatemala. Au Vietnam, les effets des épandages de 70 millions de litres de défoliants par les avions américains entre 1962 et 1971 se font toujours sentir ; en Colombie, les conséquences de la lutte entre les guérilleros, le pouvoir politique, les Américains et les planteurs de coca seront perceptibles pendant de nombreuses années. Parce que ces affrontements impliquent aussi l'usage de défoliants, pour d'autres raisons qu'au Vietnam, avec des produits différents, mais avec des effets semblables sur les hommes, les animaux et la nature ; et durablement. De la même façon, l'Irak, même une fois réconcilié avec lui-même et, on peut rêver, devenu un havre démocratique, continuera de payer et de réparer les dégâts infligés à l'environnement par les guerres et les attentats. L'histoire se souviendra peut-être, à propos de l'Irak, que c'est au cours et à la suite de la guerre du Golfe en 1991 que le monde en général et les Nations unies en particulier ont découvert durablement la dimension environnementale des guerres. Comme quoi les évidences peinent à se frayer un chemin vers la reconnaissance.

Des milieux durablement marqués

Pourtant, ce n'est pas d'hier que les conflits marquent très durement le milieu naturel, j'ai pu m'en rendre compte fréquemment au cours d'une quarantaine d'années passées à suivre de petits ou grands affrontements dans le monde entier. Marque provisoire lorsqu'il s'agit d'une usine touchée de plein fouet par des bombes ou des missiles et qui relâche ses produits nocifs dans une rivière ou un fleuve dans les environs de Belgrade ; marque durable lorsque les nappes phréatiques sont atteintes ou quand un écosystème est bouleversé par une bataille ou des combats ; marque irréversible quand les gorilles disparaissent aux confins du Rwanda et du Congo démocratique pour cause de guerres à répétition. Qui ne considère que l'environnement en tentant, au cours d'un conflit, d'imaginer les lendemains de l'espace meurtri trouve toujours une raison de désespérer. Par exemple quand les effets d'une famine induite par la guerre poussent des populations, pour leur survie, à exterminer des espèces sauvages, vendant comme en Afghanistan les derniers faucons de la région pour des milliers de dollars à des émirs du Golfe. Qui pourrait les en blâmer quand ils n'ont presque plus rien pour vivre ? Souvent, pour cuire leurs aliments et se chauffer, comme aux confins de l'Afghanistan et du Pakistan, des milliers de réfugiés n'ont d'autre solution que de couper les derniers arbres qui retiennent la terre lors des pluies diluviennes, préparant ainsi à la fois leurs pénuries de l'après-guerre et les catastrophes naturelles dont ils seront un jour les victimes. Au Tchad, au cours de l'été 2004, c'est à la présence de moignons d'arbres que je savais me rapprocher des camps de réfugiés venus du Darfour soudanais. Couper les arbres, c'est aussi ce que firent, nuitamment et au péril de leur vie, le long des routes, les Roumains écrasés sous la dictature de Ceausescu. Qui aurait ou aura le droit de blâmer ces moissonneurs de « bois de feu », comme on dit en Afrique, puisque les nécessités de la survie sont immédiates, alors que la protection de l'environnement n'est que la préoccupation de demain ?

Parfois, l'espoir...

En revanche, toute médaille ayant aussi son endroit, il arrive qu'ayant d'autres chats à fouetter, comme cela se produisit en Bosnie, les hommes fichent tellement la paix aux espèces sauvages qu'elles se mettent à proliférer. Au point, toujours en Bosnie, de faire des sangliers qui pullulent les plus efficaces des chasseurs de mines antipersonnel. Parfois aussi, les frontières tracées par les hommes pour marquer leurs divergences idéologiques ou concrétiser les guerres ou les conflits qui les ont opposés se transforment en paradis naturel. Ainsi se présentaient à Berlin, et plus généralement entre l'Allemagne de l'Est, la RDA, et l'Allemagne de l'Ouest, la RFA, séparées par la guerre froide, les no man's land qui empêchaient les hommes de passer d'un pays à l'autre. Même frontière à la biodiversité renversante entre la Pologne et la Biélorussie ou entre la Hongrie et l'Ukraine. « Réserve naturelle » aussi, la ligne de démarcation qui sur le 38e parallèle divise la Corée du Sud et la Corée du Nord depuis l'armistice marquant la fin des trois années de guerre en 1953. L'un des conflits idéologiques les plus irréductibles du monde a entraîné le développement de l'un des espaces écologiques les plus riches parce que personne, sous peine d'être abattu par « les autres », n'intervient plus dans un espace démilitarisé depuis cinquante ans.

En dehors de ces quelques exceptions surprenantes, une certitude demeure : au-delà des morts et des souffrances, une situation de conflit laisse toujours des traces, souvent durables, dans le milieu naturel et sur l'environnement. Ainsi, les trente dernières années de climat de terreur, de guerre civile et de conflits politiques ont entraîné une déforestation presque complète du territoire de la république d'Haïti. Et en Irak, les destructions marquent durablement le territoire et la santé des Irakiens. De même qu'au Liberia et en Sierra Leone, la disparition de l'État que se disputent des factions rivales a permis aux contrebandiers de bois précieux de dévaliser les territoires. Et en Côte d'Ivoire, la partition du pays, les affrontements et la déliquescence de l'État ont eu comme conséquence la quasi-disparition des parcs nationaux qui ont été désertés par leur personnel. Les guerres lointaines, celles que nous avons oubliées ou qui ne sont plus que des commémorations, ont toutes laissé des traces : les péripéties et les positions de la bataille de Borodino pour les Russes et de la Moskova pour les Français de l'armée napoléonienne, se lisent encore sur le paysage du champ de bataille à une cinquantaine de kilomètres de la capitale russe, alors que l'affrontement date du début du XIXe siècle.

Ces cicatrices laissées sur les paysages et les écosystèmes par les batailles et les conflits ne sont donc pas nouvelles : la guerre menée par les conquérants de l'Ouest américain contre les tribus indiennes a entraîné des modifications de la plupart des milieux naturels états-uniens, la disparition des bisons n'étant pas la moindre des catastrophes écologiques liées à cette conquête ; même si William Cody, dit Buffalo Bill, a longtemps été considéré comme un héros au point d'être la vedette d'un cirque qui se tailla un beau succès en France au début du siècle. Les spectateurs, en Amérique comme en Europe, étaient en fin de compte invités à oublier que la célèbre défaite du chef sioux Sitting Bull à Wounded Knee, dans l'État du

Dakota, marquait de toute façon la fin d'un certain respect des équilibres du milieu naturel dont les Indiens se voyaient chassés.

Les traces de la Première Guerre mondiale

Autre exemple, dans plusieurs forêts du nord-est de la France, il est toujours possible de trouver les traces de la Grande Guerre. Il y a, bien sûr, les paysages bouleversés par des années d'explosions, mais aussi ces espaces forestiers qui sont inexploitables ou dévalorisés parce que des éclats d'obus ou des balles restent encore enfouis dans le cœur de nombreux arbres et que sur ces arbres les scies se brisent. Cela représente un dommage plus durable que celui décrit en 1916 par des officiers français membres de la Ligue pour la protection des oiseaux, expliquant dans les courriers expédiés à leurs collègues à quel point les oiseaux étaient décimés ou détournés par la guerre, comme les cigognes qui changèrent de route de migration, repoussées par la guerre en Serbie et au Kosovo ou par le conflit irakien. N'oublions pas les passages de migrateurs que désorganise, là encore les cigognes sont concernées, le conflit entre les Palestiniens et les Israéliens, ou encore comment, en décrétant la chasse aux moineaux pendant la Révolution culturelle chinoise, Mao Tsé-Toung déséquilibra les écosystèmes de plusieurs provinces de la Chine touchées par une pullulation de nombreux insectes.

Chaque conflit, chaque guerre provoque donc sur l'environnement et le milieu naturel ce que l'on nomme désormais des « dégâts collatéraux », litote hypocrite par laquelle les responsables des affrontements tentent, lorsqu'il s'agit des populations civiles, de nier ou de considérer comme inévitables et, pour tout dire, normaux, les dégâts humains. Attentif plus que d'autres journalistes, en raison de mes préoccupations de naturaliste et d'environnementaliste, au sort réservé à l'environnement et au milieu naturel au cours des conflits dont j'ai été le témoin professionnel depuis le début des années 70, je n'ai jamais vu de guerre n'entraînant pas plusieurs types de dommages sur la nature et l'environnement, dommages dont bien peu de généraux ou de révolutionnaires, fussent-ils animés des meilleures intentions du monde, se préoccupent sérieusement. Avant, pendant ou après les affrontements. C'est de cela qu'il sera question dans ce livre, pays par pays, dégât par dégât.

L'avenir des hommes en question

Au cours de mes « années de guerre », je n'ai jamais été indifférent à la peine et à la tragédie des hommes, des femmes et des enfants. Je leur ai toujours donné la priorité, quitte à privilégier les plus faibles ou les minoritaires aux dépens de la logique de mes analyses ou de mes sentiments politiques ; parce que ces faibles et ces minoritaires, même lorsqu'ils ont politiquement tort, fournissent toujours et partout les plus gros bataillons de victimes. C'est ce qui me porte à constater et à déplorer, en plus, les dégâts occasionnés au milieu naturel et les atteintes à l'environnement. Parce que j'ai toujours remarqué, parce que je sais par expérience, parce que je reviens souvent « après » sur les scènes de guerre, que tous ces dégâts collatéraux occasionnés à la nature et l'environnement mettent finalement en cause la vie ou le retour à la vie, l'avenir des populations rescapées des conflits.

Bien sûr, malgré ma passion pour la nature et en dépit de mes préoccupations environnementalistes, je privilégie la vie d'un être humain à celle d'un animal, si beau et si rare soit-il. Mais lorsque je vois l'environnement saccagé par un conflit, c'est précisément à l'avenir des hommes, des femmes et des enfants que je pense, y compris quand je déplore la raréfaction des gorilles de la région des Grands Lacs en Afrique : au-delà de la crainte de voir une espèce extraordinaire disparaître, j'ai la certitude que le gorille manquera aux populations de ces régions qui de surcroît perdent, perdront les quelques revenus du tourisme qui leur permettraient un jour de mieux vivre…

Le lecteur retrouvera ou découvrira tout au long de ce livre, qui est aussi un réquisitoire, des exemples de plus en plus nombreux et accablants.

Réquisitoire contre toutes ces guerres qui, en plus, détruisent et déstructurent la nature et l'environnement des hommes. D'autant plus que dans les multiples conventions qui tentent d'humaniser la guerre on aura beaucoup de mal à trouver la trace d'une définition claire des « crimes écologiques » ; et encore moins de leur condamnation ou mise en jugement, y compris dans les textes de la Cour pénale internationale, qui aura bien des difficultés à instruire des procès contre des crimes de guerre commis contre la nature ou l'environnement.

PREMIÈRE PARTIE

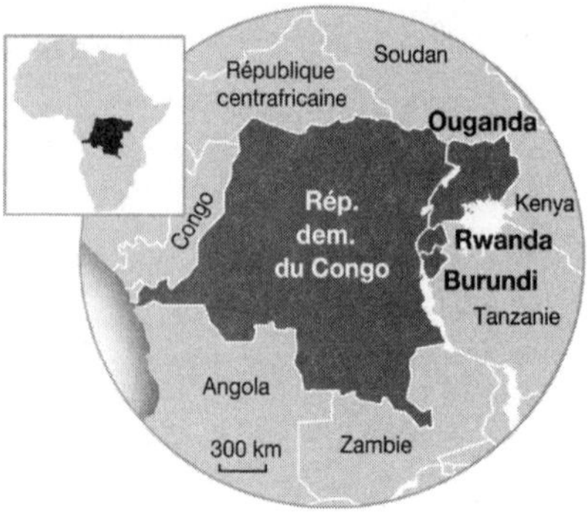

Chapitre 1

Afrique : La région des Grands Lacs

Rwanda

Superficie : 26 338 km²

Capitale : Kigali

Population : entre 7 et 9 millions d'habitants, 85 % de Hutus (plutôt cultivateurs) et 14 % de Tutsis (plutôt pasteurs). Tous majoritairement chrétiens, catholiques ou protestants. Espérance de vie : quarante ans.

Économie : Cultures vivrières et cultures de fruits, de thé, de légumes et de café dans un pays essentiellement montagneux, très densément peuplé.

Histoire : Le pays forma à partir du XVIIe siècle un royaume prospère avec le Burundi. Comme lui, il a d'abord été colonisé par l'Allemagne avant de passer sous mandat belge après la Première Guerre mondiale. L'indépendance fut proclamée en 1962.

Burundi

Superficie : 27 834 km²

Capitale : Bujumbura

Population : entre 6 et 7 millions d'habitants, 84 % de Hutus, 15 % de Tutsis. Tous majoritairement chrétiens. Espérance de vie : quarante-deux ans.

Économie : Économie essentiellement agricole pour ce pays de hauts plateaux densément peuplé.

Histoire : Indépendant de la Belgique depuis 1962.

Ouganda

Superficie : 241 038 km²

Capitale : Kampala

Population : entre 21 et 25 millions d'habitants, répartis sur une dizaine d'ethnies. Une majorité de chrétiens, 45 à 50 % de catholiques et 30 à 35 % de protestants, 10 % de musulmans, 10 à 15 % d'animistes. Espérance de vie : quarante-quatre ans.

Économie : Pétrole, cultures vivrières, commerciales (coton, thé et surtout café) et élevage constituent l'essentiel des ressources.

Histoire : La partie nord du pays est ravagée depuis 1986 par la révolte de l'Armée de résistance du Seigneur, un mouvement messianique. Ce conflit s'est notamment traduit par des déplacements de population concernant près de 1 million de personnes près de la frontière du Congo. L'ouest du pays est le théâtre d'une autre rébellion en perte de vitesse animée par l'Allied Democratic Forces et plus ou moins aidée par le Congo. Indépendant de la Grande-Bretagne depuis 1962.

République démocratique du Congo (ex-Zaïre)

Superficie : 2 345 000 km²

Capitale : Kinshasa

Population : environ 53 millions d'habitants répartis sur plus de 240 ethnies. Une majorité de chrétiens, 50 % de catholiques, 30 % de protestants (en progression comme dans toute l'Afrique), 18 % d'animistes et 2 % de musulmans. Espérance de vie : quarante-neuf ans.

Économie : Élevage et agriculture à l'est et au nord, grandes richesses minières au nord, au centre et au sud, et pétrole (offshore).

Histoire : L'intégralité du nord et le centre-est du pays sont dominés par des mouvements rebelles et des milices, sur une surface qui représente plus du tiers du pays. La RDC, l'un des pays d'Afrique dont les richesses naturelles sont les plus variées et les plus importantes, a été dirigée, sous le nom de Zaïre, par le maréchal Sese Seko Mobutu de 1965 à 1997. Indépendant de la Belgique depuis 1960.

Ces quatre pays ont des frontières communes ou proches dans cette région des Grands Lacs africains ; avec, du sud au nord, le lac Kivu, le lac Édouard, le lac Albert. Plus à l'est, le lac Victoria, partagé entre l'Ouganda, le Kenya et la Tanzanie, et enfin, au sud, le lac Tanganyika. C'est dans cette région et dans ces lacs que prennent naissance les différents cours d'eau qui s'unissent ensuite pour former le Nil. Au-delà du génocide du Rwanda qui fit entre 700 000 et 900 000 victimes tutsies en 1994, tuées par les Hutus, les mouvements de réfugiés, les affrontements politiques et de droit commun qui affectent cette région défient les explications rationnelles. D'autant plus que la plupart des rébellions, y compris au Rwanda et au Burundi, ont commencé avant l'accession à l'indépendance. Le bilan des victimes, depuis vingt-cinq ans, de tous les combats et massacres, ajouté à la mort par faim et la maladie des réfugiés dans les forêts, se chiffre en millions ; même estimation en millions pour les réfugiés ballottés d'une frontière à l'autre. Ainsi, après le génocide qu'ils ont perpétré contre les Tutsis, 1,5 million de Hutus se sont réfugiés au Kivu, en RDC. Aucun de ces quatre pays, à l'exception d'une relative période de calme, de 1966 à 1977, pour la République démocratique du Congo (le Zaïre depuis 1971) sous le règne du maréchal Mobutu, n'a connu le moindre répit dans les combats ou les contestations politiques armées. Pour la RDC, il suffit de se souvenir des deux tentatives de sécession du Katanga, de l'assassinat du Premier ministre Patrice Lumumba, des interventions des parachutistes belges et des soldats des Nations unies et de la fin agitée du règne de Mobutu pour comprendre que ce pays a connu des années difficiles et meurtrières. Notamment, comme pour les autres mais plus qu'eux, en raison des convoitises suscitées par ses ressources minières et naturelles. Aujourd'hui, comme l'Ouganda, secoué par plusieurs révoltes, de larges parties de son territoire ne sont plus vraiment contrôlées par le pouvoir central. L'accession au pouvoir de Joseph Kabila survient après une année de guerre civile, le renversement de Mobutu en 1997 et l'assassinat du président Laurent-Désiré Kabila en 2001 dans des conditions jamais vraiment élucidées. Tout cela n'a pas contribué à réunifier un pays largement quatre fois plus grand que la France. La Monuc, Mission des Nations unies au Congo, peine à faire respecter un semblant d'ordre, aussi bien au Katanga que dans les provinces d'Ituri et du Kivu dans le nord-est du pays, la région des Grands Lacs. Cet échec s'explique par les actions de groupes armés, des milices ou de chefs de province qui approvisionnent des sociétés internationales en or, en diamants, en minerais et en bois. Toutes ces richesses sont exploitées directement par des rebelles, des potentats régionaux et des multinationales, c'est-à-dire sans rapporter le moindre revenu au pouvoir central. Le pillage ou la destruction des richesses naturelles sont partout la conséquence des combats, de l'insécurité et de l'absence d'État régnant dans les 200 millions d'hectares du bassin du Congo, le deuxième massif forestier du monde. Un espace qui compte (on évoquera bientôt cette richesse au passé) 400 espèces de mammifères, 1 000 espèces d'oiseaux et 11 000 espèces de plantes. La catastrophe écologique de cette région et de celle des Grands Lacs est à la mesure de la déforestation et de la catastrophe humaine en cours.

Les gorilles survivent dans une région du monde secouée par des guerres, des affrontements, des guérillas et des désordres que nul ne parvient à maîtriser depuis une trentaine d'années. Cependant, alors que d'autres espèces disparaissent dans le silence, la fascination qu'avec d'autres grands singes les gorilles exercent sur nous leur vaut l'attention des médias. Ils écoutent les associations qui évoquent les menaces pesant sur eux. Mais les beaux titres ne font pas de miracles pour les primates, pas plus que d'autres titres ne réussissent à sauver les milliers d'hommes qui meurent encore chaque mois aux confins du Rwanda, de l'Ouganda et du Congo, pas plus qu'ils n'ont sauvé la vie de centaines de milliers de Tutsis entre avril et juillet 1994. Au milieu du flot des réfugiés fuyant les massacres au « pays des mille collines », au milieu du flot des Hutus fuyant la vengeance des massacres, au bord des immenses fosses communes de Goma où les camions déversaient les victimes des épidémies, il n'était pas facile de se soucier, ni même de se souvenir, des grands singes vivant non loin de là au cœur d'autres collines. Non loin de ce minuscule Rwanda où un proverbe assure : « Dieu passe ses journées ailleurs, mais il rentre dormir chez nous. »

Les éléphants n'ont pas de chance : ils vivent dans la partie de la République démocratique du Congo le plus souvent parcourue par les bandes armées et marquée par les affrontements. Des espaces immenses où, pour se faire un peu d'argent permettant de continuer à se battre et à vivre, des rebelles, on ne sait plus trop à qui ou à quoi, massacrent les éléphants au lance-roquette. Avant de ramasser dans les troupeaux abattus l'ivoire qui se revend à Kinshasa ou à Khartoum pour gagner ensuite le Japon et le Golfe arabique. À Khartoum, tout l'ivoire interdit du Congo et de l'Afrique est en vente libre au souk immense d'Omdurman. Entre 40 et 60 euros le kilo, une fortune pour la région. Chaque année, les dépouilles d'une douzaine de milliers de pachydermes, la plupart abattus par des rebelles, des bandes en rupture de gouvernement et des armées régulières peu ou pas payées, passent par Khartoum. Pourtant, les éléphants ont de la chance : les spécialistes parlent d'eux et les ministres appellent à leur sauvetage dans toutes les conférences et les colloques depuis des années. Ce qui n'empêche pas leur nombre d'être passé de 80 000 à 14 000 sur le territoire congolais, en comptant large, entre 1999 et 2004.

Rebelles contre hippopotames

Les hippopotames font beaucoup moins parler d'eux, peut-être parce qu'ils font moins rêver. Cela ne les protège pas puisqu'ils disparaissent rapidement dans le parc national de la Virunga, l'un des plus anciens du continent africain, puisqu'il s'appela parc Albert du temps des Belges qui le créèrent en 1925. Le parc de Virunga (traduction du mot volcan) s'étendant malencontreusement le long de la frontière du Congo et du Rwanda, le nombre des rhinocéros a pratiquement été divisé par 20 au cours des vingt dernières années. Le troupeau qui comptait 20 000 têtes au début des années 1980 n'en atteint qu'à peine plus d'un millier. En comptant approximativement et vite car, actuellement, le parc de la Virunga abrite une espèce qui n'est pas en voie de disparition, espèce extrêmement dangereuse pour les naturalistes qui se hasardent encore dans cette zone : le « rebelle armé ». Un rebelle protéiforme ou un milicien mal défini devenu progressivement trafiquant d'ivoire, de trophées, d'animaux vivants, de bois et de minerais. Premier trésor recherché : le coltan, un composé minéral rare et essentiel au fonctionnement des téléphones et des ordinateurs portables. Ce minerai, connu par les experts sous son nom officiel de colombo-tantalite, est hélas assez facile à extraire par des méthodes quasiment artisanales. Vu l'augmentation du nombre de portables dans le monde, les prix du coltan sont évidemment à la hausse depuis des années et le minerai est exploité dans les pires conditions (pour l'environnement, les forêts et eux-mêmes) par des mineurs sauvages ou des soldats des groupes rebelles.

Au début de 2005, dans le seul parc de Virunga, ces combattants étaient répartis en cinq ou six bandes antagonistes, toutes plus armées et organisées les unes que les autres, et menant leurs actions et exactions en toute impunité. Les forces de l'ONU, qui ne parviennent déjà pas à préserver les hommes, sont évidemment impuissantes à protéger les animaux et la forêt. Quant aux gardes du parc, ils restent si peu nombreux, si peu payés (et si rarement), que la communauté internationale des écologistes ne va pas en plus leur demander de se conduire en héros et de mettre en danger leurs familles. Au début de l'année 2004, un crédit de 3 millions de dollars attribué par l'Unesco a été annoncé pour les cinq parcs nationaux de cette immense région situés à proximité des frontières. Cette attribution a offert la possibilité de recruter 1 200 gardes armés supplémentaires. Cela peut paraître beaucoup, sauf quand on prend la mesure de ces cinq espaces protégés qui couvrent 68 000 km^2 : 8 000 pour le parc de Virunga, 5 000 pour le parc de Garamba, 6 000 pour le parc de Kahuzi-Biéga, 13 000 pour la réserve des okapis et 36 000 pour le parc de Salanga. Les crédits ayant, dans cette zone, une fâcheuse tendance à se perdre ou à s'évaporer, il n'est pas sûr que les gardes aient vraiment été tous embauchés. En revanche, il est certain que les massacres d'espèces sauvages se sont poursuivis, que les nouveaux gardes les plus favorisés ont simplement été désarmés par des « rebelles » tandis que les moins chanceux ont été tués en voulant protéger les animaux et la forêt. Si les crédits sont renouvelés, cette situation ne facilitera certainement pas le recrutement de leurs remplaçants. En fait, pour assurer le maintien de la biodiversité dans ces parcs, il faudrait mettre en place une véritable armée que nul n'est disposé à financer pour préserver la nature dans ces régions instables et dévastées où les hommes, les femmes et les enfants meurent de faim, d'agressions, de maladies ou de précarité.

189 veuves de gardes de parcs nationaux

En novembre 2004, à l'occasion d'une réunion consacrée à l'avenir des grands singes, un garde de Virunga devenu chef de patrouille est venu à Paris pour raconter la vie quotidienne de ces gens, des passionnés, qui ne touchent plus rien du gouvernement congolais depuis longtemps. Seule ressource : un salaire mensuel de 30 euros versé par les Nations unies. Jean-Pierre Jabago, trente-sept ans, une femme et trois enfants qui prennent le risque de vivre avec lui dans le parc, a commencé son récit en montrant la photo d'un groupe de 14 jeunes gardes prise en 1989. Avant d'expliquer que trois seulement étaient encore vivants. Il a ensuite ajouté : « Le garde de parc national, chez nous, est aussi une espèce en voie d'extinction, comme le gorille, comme l'éléphant. Et personne ne le protège. »

Il a aussi raconté qu'avec ses camarades il s'occupait d'aider 189 veuves de gardes, rien que pour son parc où, depuis le début de l'année 2000, une centaine de ses collègues ont été abattus, soit en pleine forêt lors de mission de contrôle, soit près de chez eux, par vengeances organisées à la demande des trafiquants. Il a précisé avec découragement qu'entre 2001 et 2003 lui et ses collègues avaient arrêté 1 500 braconniers mais que la plupart avaient été relâchés par les militaires congolais. Puis il a conclu en expliquant qu'avant, du temps du dictateur Mobutu, cela se passait beaucoup mieux, pour eux et pour les animaux ; parce que le maréchal-président, tout simplement, passait fréquemment des vacances à Virunga et dans les autres parcs de l'Est congolais. Ce regret « du temps de Mobutu » est de plus en plus fréquemment entendu, voir scandé dans des manifestations des villes de l'Orient congolais tant l'exaspération des habitants, notamment des femmes, est grande face aux groupes armés qui rançonnent et pillent.
Parfois, comme dans la réserve nationale des okapis, espèce en grand danger de disparition, au nord de Virunga, la situation prend un tour surréaliste. À la fin de 2003, ce sont des fonctionnaires de l'Unesco, désespérant de décider les militaires congolais à intervenir, qui sont allés négocier, ce qui ne fut pas simple, avec deux bandes rebelles, pour leur demander d'aller s'affronter un peu plus loin afin de ne pas perturber la reproduction des okapis. Après bien des palabres, ils ont obtempéré, mais le déplacement des combats n'a pas duré très longtemps : juste le temps, cette fois-là, pour que les femelles mettent bas. Les rares protecteurs et les gardes du parc ont connu bien d'autres problèmes puisque l'on a compté jusqu'à 850 000 réfugiés se cachant et tentant de survivre sur le territoire de Virunga.

Les derniers rhinocéros blancs

La situation, toujours pour les mêmes raisons d'affrontements permanents entre groupes armés, se présente de façon identique dans le parc de Garamba dont les limites se confondent avec la frontière de l'Ouganda, que

les rebelles des différentes obédiences franchissent pour se réfugier d'un côté ou de l'autre et aussi pour organiser l'écoulement des produits de leurs trafics, soit vers Kinshasa, soit vers Kampala. Dans ce parc, outre des gorilles, survivent les derniers rhinocéros blancs. Il n'en reste pas plus d'une quinzaine, situation si précaire pour l'espèce que des responsables congolais, provoquant un véritable tollé, ont proposé au mois de décembre 2004 de capturer une partie de ces rhinocéros blancs pour les exiler (en attendant que la situation s'améliore) vers le Kenya ou les États-Unis.
Garamba, comme la réserve nationale des okapis, le parc de Virunga, qui est prolongé par un autre parc national sur le territoire du Rwanda, et le parc national de Kahuzi-Biéga, également proche de la frontière orientale de la République démocratique du Congo, ont été classés Patrimoine de l'humanité par l'Unesco, de même que le parc national plus central de Salanga, où la situation est à peu près aussi incontrôlable. Ce classement permet une aide, notamment financière, de l'Unesco, mais il ne peut garantir ni le départ des groupes qui s'y affrontent, ni l'arrêt des combats, ni la fin du pillage organisé, un pillage, avec l'aide souvent forcée – ne serait-ce que pour survivre – des populations, des animaux vivants ou morts, de la viande de singe, de quelques minerais et de bois, avec en général la complicité d'entreprises locales qui profitent à la fois des produits qu'ils revendent vers les sociétés européennes et de la viande braconnée nécessaire à l'alimentation de ceux qui exploitent le minerai ou les arbres. L'argent de ces différents trafics sert évidemment à acheter des armes, qui elles-mêmes servent à assurer les pouvoirs de ces bandes et à développer les trafics ou à en défendre le produit contre d'autres groupes. Un cercle très vicieux qui n'a plus grand-chose à voir avec la lutte pour la démocratie ou contre des dictatures. Cette partie de l'Afrique marche tragiquement sur la tête, ce qui explique l'histoire de la déportation rêvée des rhinos blancs, comme on a déporté les populations pygmées…

Iliouchine clandestins pour trafics en tout genre

Ce sont souvent les mêmes avions, généralement pilotés par des mercenaires ukrainiens, biélorusses ou russes (comme ceux qui opèrent en Côte d'Ivoire aux côtés de l'armée), qui livrent le matériel militaire et emportent le produit des pillages. Des observateurs ont même vu des Iliouchine 76, le plus gros des cargos aériens de l'ex-URSS, charger des pièces de bois très précieux pour le compte d'un réseau d'origine russe, qui posséderait ou serait capable d'affréter une cinquantaine d'avions basés en Sibérie, là où le commerce illégal de bois est également très prospère. Ces gros-porteurs qui atterrissent sur des pistes abandonnées par l'armée congolaise ou nouvellement aménagées livrent aussi bien des armes légères que des canons antiaériens, des missiles sol-air, des hélicoptères et des blindés. Ce matériel provient en général de pays candidats à l'Union européenne comme la Bulgarie ou la Roumanie. Ils ne remportent pas que du bois mais également du coltan, de l'or et des diamants ou des animaux vivants. L'autre partie du bois repart « légalement » de la RDC grâce à la corruption que pratiquent les grandes sociétés organisant le trafic. Plus étonnant : des gardes et des soldats de l'ONU affirment qu'en 2004 des Iliouchine ont embarqué des animaux vivants – rhinocéros, antilopes, singes – destinés à des parcs zoologiques asiatiques ou à des zoos privés… Cela rapporterait encore plus que le bois.

Depuis 2001, en évoquant cette région, les experts des Nations unies parlent du « bois de conflit ». Le bois de conflit, explique l'ONU, c'est « le bois qui, à un moment donné de la chaîne d'exploitation, a fait l'objet de transactions commerciales impliquant des groupes armés, qu'il s'agisse de factions rebelles, de soldats réguliers ou irréguliers ou d'une administration civile impliquée dans un conflit armé ; qu'il s'agisse de perpétuer le conflit ou de l'utiliser pour réaliser des gains personnels ». Aux récoltes sauvages s'ajoutent évidemment la coupe et l'exportation d'essences faisant l'objet de quotas ou de protection pour cause d'extinction annoncée. La communauté internationale, sous la pression des écologistes, notamment ceux de

Greenpeace et du WWF, a mis sur pied un système d'écocertification supposé garantir l'origine écologiquement correcte des bois importés. Mais comme cette écocertification est la plupart du temps, comme en RDC, confiée aux exportateurs, la garantie apportée est d'une rare minceur.

Le bois de conflits

En RDC comme ailleurs, le bois de conflit représente donc l'essentiel des exportations de bois par le biais de grandes sociétés internationales, européennes, asiatiques ou américaines, peu regardantes sur les origines des matériaux qu'elles achètent. Une partie d'entre elles participe donc, en plus, à l'approvisionnement en armes soit directement, soit de façon moins repérable par des échanges triangulaires. Cela a parfois pour conséquence de prolonger des conflits intérieurs, les groupes rebelles perdant de vue leurs objectifs politiques au profit d'une activité purement commerciale qui se nourrit des désordres et de l'impuissance de l'État concerné, désordre que tout le monde, les sociétés comme les bandes armées, a intérêt à entretenir. Parfois même l'État en question a partie liée avec l'un de ces groupes devenus des « racketteurs de guerre ».

L'exploitation désordonnée du bois par des groupes qui n'ont que le profit immédiat en vue se traduit par une destruction des milieux forestiers. D'abord en induisant des coupes claires dans des zones sensibles, les « experts » associés aux groupes rebelles se chargeant de faire le tri entre les bois précieux qu'il est rentable de transporter par avion, les bois qui pourront partir par l'Ouganda ou le Kenya et le tout-venant qui descendra tranquillement le fleuve Congo pour être exporté légalement par Kinshasa et le port de Borna. Autre méthode : quelques groupes, conseillés par leurs clients et disposant d'un matériel important, sillonnent la forêt à la recherche des seuls arbres précieux et directement rentables. Pour ce faire, ils tracent des pistes provisoires dans les massifs forestiers, blessures qui ne cicatrisent pas et servent de chemins d'accès aux zones sensibles, à commencer par les parcs nationaux. Ces pistes qui détruisent la forêt tropicale servent également de moyen de pénétration pour les groupes – parfois les mêmes – qui veulent exploiter les mines d'étain où ils trouvent facilement du coltan. Les exploitants de ce minerai, d'ailleurs, contribuent également à labourer les pistes des espaces forestiers. Les uns et les autres, pour approvisionner leurs ouvriers, tapent dans les richesses naturelles grâce à des commandos de chasseurs et de pêcheurs dont c'est le travail permanent. Cette mise en coupe réglée des espaces forestiers ne peut que réduire les espaces de vie des oiseaux et des mammifères, à commencer par les grands singes, qui disparaissent peu à peu, à la fois « naturellement » et par la chasse ou les captures. Quatre espèces sont concernées par ces extinctions progressives directement liées aux conflits armés.

30 à 100 euros pour un singe bonobo

Il y a d'abord le bonobo, le plus petit de ces grands singes, avec un poids compris entre 40 et 50 kg pour une stature de 70 à 80 centimètres. Ces animaux frugivores, qui ne font un petit que tous les cinq ans en moyenne, seraient encore entre 10 000 et 20 000 en République démocratique du Congo, seul pays où ils vivent. Leur nombre diminue rapidement parce que leur forêt est dévastée et qu'ils sont capturés vivants. On les vend clandestinement à des laboratoires, à des amateurs congolais ou étrangers qui les gardent en captivité. Ils servent aussi, pour quelques dizaines d'euros seulement, de « viande de brousse » pour les exploitants forestiers, les mineurs clandestins ou les combattants. On retrouve également la viande de bonobo sur les marchés de Goma ou de Kinshasa. Illustration des trafics : à la fin de 2003, un bonobo a été saisi par la police sur le parking du Grand Hôtel de Kinshasa où il allait être vendu par un chauffeur de taxi qui l'avait acheté à un combattant du Kivu ; vente au vu et au su de tout le monde, pour une centaine d'euros. De telles saisies, dans un pays où la loi est aussi souple que la corruption est grande, sont rarissimes. Le jeune bonobo a été confié à un centre de soins, une sorte de sanctuaire installé à une trentaine de kilomètres de la capitale, où une femme belge d'environ cinquante ans consacre depuis une dizaine d'années sa vie au sauvetage des singes capturés, blessés ou confisqués. Ce qui n'empêche hélas pas la population des bonobos de diminuer régulièrement et rapidement. Qu'il s'agisse de viande fraîche sur les marchés ou de viande de bonobo boucanée fréquemment servie dans des restaurants congolais, des scientifiques font remarquer que la consommation de viande de singe peut faciliter le redoutable franchissement de la barrière des espèces pour des maladies ou, plus dangereux encore, des virus inconnus. Ils rappellent la mystérieuse transmission du virus du sida et aussi que, fréquemment, des populations de singes sont décimées par des épidémies de virus d'Ebola, cette fièvre hémorragique éminemment contagieuse qui tue singes ou êtres humains en quelques jours.

Les chimpanzés menacés

Le chimpanzé est plus lourd et plus grand : une stature qui atteint fréquemment un mètre pour un poids de 50 à 60 kg. Il peut vivre jusqu'à cinquante ans, quand il ne croise pas sur sa route des hommes prédateurs ou quand il n'est pas également victime de la fièvre d'Ebola. Ces singes sont présents dans une vingtaine de pays africains, d'où ils disparaissent rapidement puisque, estimés à un million dans les années 60, ils ne seraient plus qu'une centaine de milliers, dont une bonne partie en RDC. Ils sont très vulnérables face aux « chasseurs de viande » ou à ceux qui veulent les capturer, car ils vivent en communautés qui peuvent regrouper plus d'une centaine d'individus. Ils mangent aussi bien des fruits que de la viande. Ils nous fascinent et intriguent tant les éthologues que les généticiens parce qu'ils ont en commun avec l'homme 99,4 % de leur génome. Comme les autres grands singes, les chimpanzés sont protégés par la Convention de Washington, qui interdit leur commercialisation, sous quelque forme que ce soit. Mais les chimpanzés ne le savent pas ; pas plus que les bandes armées qui mettent les parcs congolais en coupe réglée. Il y a là clairement un problème de communication. Fin février 2005, dans la province congolaise d'Ituri que 70 000 civils ont fuie entre fin décembre 2004 et février 2005, là où ces chimpanzés connaissent le plus de difficultés, neuf Casques bleus ont été tués par des rebelles non identifiés. Pas de quoi inciter à la préservation de la biodiversité… dans cette région qui a déjà connu 60 000 morts. D'autant plus, il faut bien le dire, que certaines unités des forces des Nations unies participent au pillage des espèces ou des richesses naturelles. Soit directement, soit en assurant une protection contre rémunération.

Les gorilles en perdition

Les gorilles sont les plus connues des victimes des désordres qui secouent le Congo et ses voisins. D'abord les gorilles des plaines, qui vivent jusqu'au Gabon et dans les pays alentour. En RDC, ils se concentrent essentiellement, pas de chance, dans la province ravagée du Kivu. Résultat : au début de 2005 ils n'étaient plus que 3 000 à 5 000. Ce qui représente une diminution de près de 80 % depuis l'année 2000 : en 1995 ils étaient 17 000. Une chute de population qui n'a pas son équivalent en Afrique pour un autre mammifère. Cet animal, dont la taille se situe en moyenne autour de 1,80 m pour un poids de 100 à 200 kg, est en voie très rapide de disparition en RDC et les naturalistes estiment que dans une trentaine d'années au plus, si les conflits se poursuivent, ces singes, qui vivent en moyenne une quarantaine d'années, auront totalement disparu de l'est du Congo, puis un jour de l'Afrique et de la planète. On ne les apercevra plus que derrière les grilles de quelques parcs zoologiques.

La population la plus réduite, la plus menacée, est celle des gorilles de montagne, qui vivent exclusivement aux confins du Congo et de l'Ouganda et autour de la frontière du Congo et du Rwanda. Ils occupent le côté congolais entre 2 000 et 3 000 mètres et les pentes du Karisimbi dans le parc national des Volcans rwandais qui prolonge le parc de Virunga. Ils ne sont plus guère que 700. La communauté des gorilles de montagne est divisée en deux groupes aussi menacés l'un que l'autre. Le premier, d'environ

320 individus, évolue sur la frontière congolo-ougandaise où se trouve, côté Ouganda, le parc national de Bwindi. Le second, de moins de 400 individus, vit à cheval sur la frontière congolo-rwandaise. C'est dans cette zone que Diane Fossey, qui fut pendant de longues années leur protectrice active, fut assassinée en 1985 par des braconniers qu'elle gênait. C'est là qu'elle est enterrée, au cœur d'une région hantée par des bandes de Hutus armés, par des dissidents ou déserteurs de l'armée congolaise et des rebelles Interahamwe venus de la RDC. Comme dans le Nord, la survie de ces gorilles de la montagne dépend des forêts de bambous, 90 % de leur alimentation, qui disparaissent. Dans cette région, Diane Fossey le dénonçait déjà, on rencontre souvent des gorilles aux mains ou aux pieds amputés parce qu'ils ont réussi à s'arracher des pièges dispersés par les trafiquants qui veulent les capturer vivants ou les dépecer. C'est du côté rwandais que les choses se passent le moins mal, puisque certains naturalistes estiment que la population des gorilles des montagnes y aurait augmenté de 10 % depuis 1994. Depuis le Rwanda, des touristes peuvent les découvrir avec des guides. Le paradoxe est que cette promenade dans la montagne, qui permet aux voyageurs fortunés – 400 euros la journée – de passer une heure à proximité des gorilles, est formellement interdite à ceux qui sont grippés, fiévreux ou enrhumés : l'état de santé des visiteurs est sévèrement contrôlé, alors que d'autres menaces rôdent, puisque chaque groupe touristique est accompagné d'hommes fortement armés. Le problème, dans l'état actuel de ce tourisme, est que l'argent qu'il rapporte va bien plus à la conservation et à la protection qu'aux populations locales, qui auraient bien besoin de revenus supplémentaires pour ne pas peser sur le milieu naturel des grands singes.

Plus un animal est menacé, plus il rapporte

Quels que soient les singes concernés, les chefs de guerre qui organisent le pillage connaissent les tarifs des animaux et de leurs dépouilles et ils chassent ou font chasser en fonction de l'évolution des prix sur le marché.

Donc, plus un animal a de la valeur, plus il est pourchassé. Et plus il est pourchassé, plus il rapporte. Pour acheter des armes et faire vivre les troupes congolaises, angolaises ou rwandaises, lesquelles servent à combattre les autres groupes, les armées officielles ou à protéger les mineurs ou bûcherons illégaux. De plus, les officiers des armées officielles, souvent mal payés ou payés avec retard, n'hésitent pas, notamment dans le parc de Virunga, et pas seulement pour les grands singes, à se livrer aux mêmes trafics. La pauvreté de la région fixe d'ailleurs des tarifs dérisoires pour les animaux, puisque les fonctionnaires de l'Unesco ont pu établir, à la fin de 2004, une moyenne des prix offerts sur place : entre 20 et 30 euros pour un bonobo vivant, entre 30 et 50 euros pour un chimpanzé et entre 60 et 100 euros pour un jeune gorille. Ce qui fait quand même un bon prix pour la portion de singe boucané dans un restaurant de Goma, de Kisangani ou de Kinshasa.

Dans une étude parue en 2003 dans la très sérieuse revue anglaise *Nature*, deux chercheurs développent un raisonnement paradoxal qui mérite que l'on s'y arrête : pour eux, en Afrique et ailleurs, il existe un lien direct entre le niveau de corruption d'un pays et l'extinction d'un certain nombre d'espèces. Et ils ajoutent que plus (ou mieux) une espèce est protégée, plus la corruption augmente, puisque le nombre des trafiquants ou braconniers augmente parallèlement. Avec une remarque corollaire : moins il y a d'État dans un pays, plus le pillage des espèces et des ressources naturelles est important. Cette analyse s'applique parfaitement à la RDC.

Des constatations à la fois évidentes et accablantes auxquelles on peut ajouter une autre vérité : pour le prix d'un seul hélicoptère de combat, on aurait les moyens d'enrayer la disparition des grands singes en Afrique.

Un génocide d'origine environnementale...

Il est bien entendu que, dans ce Congo qui a connu près de 3 millions de morts violentes depuis le début des années 1980, il ne faut pas limiter les conséquences des combats et de l'insécurité aux seuls singes. Même chose pour le Rwanda, menacé de désertification en raison de la déforestation rapide, surtout dans les zones où la densité humaine, en raison de la concentration des réfugiés intérieurs ou extérieurs, atteint des niveaux insupportables pour la flore et la faune. Dans certains départements rwandais, la densité de la population au kilomètre carré dépasse 500 ; les agriculteurs partent lentement mais sûrement à l'assaut des espaces protégés, y compris sur les pentes du parc national des Volcans. Il faut survivre, mais les terres déforestées et ravinées s'appauvrissent. Partout le bois devient de plus en plus rare : tel quel ou transformé en charbon de bois, il constitue la seule source de chauffage ou de cuisine pour les 90 % de Rwandais qui vivent en zone rurale. Depuis 1994, les 600 km² de la forêt de Gishwati, non loin de Kigali, ont été entièrement rasés. Et pour caser des réfugiés, il a fallu sacrifier une part importante des 400 km² du parc national d'Akagira. Les coupes de forêts se traduisent évidemment par une accélération de l'érosion et par une augmentation des risques d'inondations qui enlèvent les terres cultivables. La conséquence est un appauvrissement sidérant de la flore, y compris celle qui était utilisée dans la pharmacopée locale. Il est d'ailleurs permis de poser une question : le génocide de 1994 n'est-il pas en fin de compte également une révolte d'origine environnementale ? Car il est patent qu'à cette époque, déjà, le Rwanda avait atteint une telle densité démographique qu'il ne pouvait plus nourrir tout le monde, et la pression sur le territoire était devenue insupportable pour les milieux et pour les hommes. Pour les mêmes raisons, le Burundi se vide rapidement de sa faune, tandis que la biodiversité de la flore décroît depuis une quinzaine d'années face à une pression démographique intolérable pour un peuple essentiellement composé d'agriculteurs.

Protection virtuelle

Au Congo, ce sont évidemment tous les mammifères qui disparaissent, abattus, chassés ou relégués dans quelques espaces en raison de la déforestation pourvoyeuse du commerce illégal des bois précieux ou consécutive aux exploitations minières sauvages pour lesquelles des entreprises spécialisées tracent des pistes sans aucune précaution à travers les espaces forestiers. Les parcs nationaux ne sont pas épargnés puisqu'ils servent à la fois de refuge aux populations déplacées et de base arrière aux groupes armés congolais, ougandais, rwandais et même encore soudanais. Depuis l'année 2000, le programme de surveillance par satellite mené par l'Agence spatiale européenne pour le projet Bego (Built environment for Gorillas) et pour le programme de l'Unesco Conservation de la biodiversité en zone de conflits montre jour après jour le recul des arbres et les dégâts sur les espaces protégés. Ce monitoring est aussi pétri de bonnes intentions que le projet Grasp (Great Apes Survival Project), lancé récemment par le Programme des Nations unies pour l'environnement. Mais étudier, réfléchir, organiser de passionnants colloques, surveiller, même avec une redoutable précision, n'est pas agir sur le terrain. La situation est tragique puisque les 19 000 hommes de la force des Nations unies ne parviennent même pas à arrêter les combats. En 2030, ont calculé les naturalistes de l'Unesco, il restera 10 % de l'habitat actuel des gorilles et 4 % de l'habitat actuel des bonobos. Ce qui a amené, fin 2003, le directeur du Programme des Nations unies pour l'environnement à déclarer : « Pour les grands singes, il est minuit moins une. » Il paraît qu'à la fin de 2005 une déclaration solennelle pour la protection des grands singes et de la biodiversité sera signée par une vingtaine des pays concernés, dont une quinzaine où les revenus mensuels des habitants sont inférieurs à 3 euros par mois. La déclaration sera évidemment ignorée par les bandes armées et par les militaires de la plupart de ces pays et aboutira probablement à dépenser des fortunes pour réhabiliter des espaces dégradés, alors que les moyens manquent pour les empêcher de se dégrader, comme cela se produit au Rwanda, au Burundi et en Ouganda, gagnés par la désertification, l'érosion et la diminution rapide de la biodiversité.

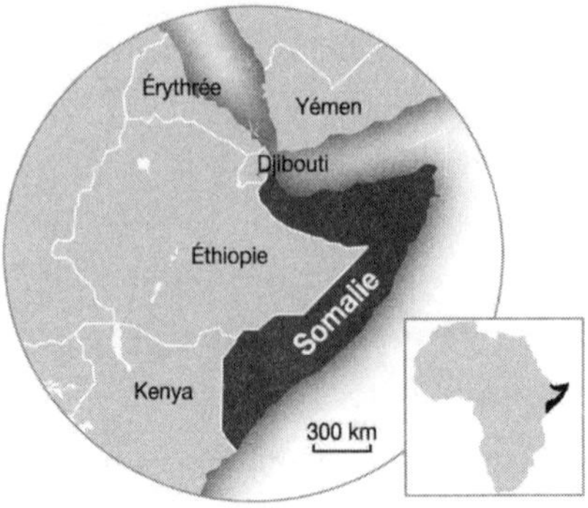

Chapitre 2

Afrique : Somalie

Somalie

Superficie : 637 657 km² (seule donnée certaine)

Capitale : Mogadiscio

Population : de 8 à 11 millions d'habitants selon les sources. Ethnie dominante, les Somalis ne sont pas des Arabes et appartiennent au même groupe ethnique que les habitants de Djibouti. Ils parlent une langue particulière qui s'écrit en caractères latins. Les habitants sont musulmans à 98 %. Il reste quelques minorités chrétiennes liées aux anciennes présences italienne et anglaise.

Histoire : Le pays est actuellement divisé en trois entités « indépendantes », le Somaliland au nord-ouest, le Puntland à l'ouest et le Jubaland au sud. Mais, surtout, il est partagé entre une vingtaine de clans qui s'affrontent en permanence.

Cette région (plutôt qu'un pays dans la situation actuelle) possède une histoire très ancienne qui remonte à l'Antiquité, comme le prouvent des peintures qui y furent trouvées. Elle fut occupée par les Égyptiens, puis par les Anglais à partir de 1880, avant de devenir en partie italienne au début du XXe siècle. L'Italie étendit son pouvoir sur l'Érythrée et l'Éthiopie, puis annexa le Somaliland resté britannique, mais en fut expulsée en 1941. Les Britanniques administrèrent la région jusqu'en 1949, date à laquelle l'ex-Somalie italienne devint indépendante sous contrôle de l'ONU. En 1960, les deux Somalie ayant accédé à l'indépendance fusionnèrent pour former la Somalie actuelle, mais le pays a conservé deux fêtes nationales, une par indépendance. Les militaires prirent le pouvoir en 1969 avant de choisir une orientation socialiste soutenue par l'URSS. Les richesses naturelles du pays furent une première fois durement touchées par la grande sécheresse africaine des années 1973 et 1974. En 1977, les Somalis vivant en Éthiopie dans l'Ogaden se lancèrent dans la lutte armée pour être rattachés à la Somalie. La lutte se poursuivit jusqu'en 1988, provoquant d'énormes mouvements de réfugiés qui ruinèrent une partie du pays, tandis que se développaient des rébellions armées. Elles aboutirent en 1991 au départ du président au pouvoir depuis 1969. Depuis lors, la Somalie n'a plus de gouvernement et est livrée à des factions rivales qui se combattent. Pour avoir voulu s'en mêler au cours de l'opération Restaure Hope fin 1992, le président Bush perdit de nombreux soldats dans de terribles conditions. La force internationale des Nations unies rencontra, elle aussi, tellement de difficultés que ses derniers Casques bleus et les Occidentaux se retirèrent définitivement en 1995. Le pays se divisa en deux, puis en trois, retrouvant le clivage d'avant-guerre, le Somaliland au nord et la partie italienne au sud, avant de se subdiviser en autant de territoires qu'il y a de chefs de guerre. « Élus » à la fin de 2004 par des parlementaires réunis au Kenya, le nouveau président, Abdullahi Yusuf, et le Premier ministre, Mohammed Ali Gedi, résident également dans la capitale kenyane. Ils ont fait un tour dans le Nord en janvier 2005 mais n'ont pas osé retourner dans leur capitale, bien que les nouvelles institutions provisoires aient été théoriquement reconnues par la plupart des chefs de guerre. En février 2005, illustration des désordres qui continuent à secouer le pays, une journaliste de la BBC, Kate Peyton, a été abattue à Mogadiscio par des inconnus. Au moins 500 000 Somaliens ont été tués dans les affrontements depuis le début des années 90. Des affrontements qui ont ruiné le pays et ravagé son environnement à un point qu'il est difficile d'imaginer.

Ironie d'une tragique histoire, alors que le pays est en perdition sociale, économique, politique et environnementale, l'un des premiers retours de la « civilisation » a été, en juillet 2004, la mise en route d'une usine Coca-Cola à Mogadiscio. L'inauguration portait une telle charge symbolique qu'elle attira plus de 500 personnes, sous la protection d'une milice armée jusqu'aux dents. Les désordres n'appauvrissent pas tout le monde, puisque ce sont des Somaliens qui ont investi plus de 8 millions de dollars pour construire et installer une usine qui remplace celle détruite au début des années 90. Illustration de la situation d'un pays où n'existe ni police, ni armée, ni service public, ni administration, ni distribution d'eau ou d'électricité, l'usine Coca-Cola emploiera 130 personnes qui seront protégées par 120 gardes équipés d'armes automatiques et de quatre mitrailleuses disposées aux endroits stratégiques. Les chefs de guerre qui se partagent la capitale toucheront tous leur dîme pour laisser se fabriquer le Coca et le Fanta... Autre innovation récente alors que les communications téléphoniques n'existent plus depuis des années, deux sociétés de téléphone mobile viennent de s'installer. Les portables ne fonctionnent évidemment que sur le plan local.
Cette région semi-aride de savane et de steppe, sauf au sud ou le long des fleuves venus d'Éthiopie où se pratiquent encore des cultures irriguées, n'est pas gâtée question climat. Le pays est montagneux dans le Nord, composé d'un plateau puis d'une plaine littorale dans sa partie ouest. Comme la Somalie est traversée au sud par l'équateur, il y fait chaud toute l'année malgré l'influence de la mer et les pluies dépassent rarement 600 millimètres par an. Les conditions politiques y étant plus que chaotiques, sa situation écologique est l'une des plus catastrophiques du monde : la Somalie, dont un habitant sur six a fui à l'étranger depuis quinze ans, parachève actuellement son autodestruction. L'absence de pouvoir central, de pouvoir régional ou de pouvoir municipal depuis une quinzaine d'années et les extraordinaires difficultés rencontrées par les agences de l'ONU et de rares organisations non gouvernementales interdisent toute intervention

pour freiner la dégradation d'un pays où 75 % de la population souffre de malnutrition et où 70 % de cette population est nomade, s'occupant notamment du plus grand troupeau mondial de chameaux (plus de 6 millions de têtes). Ce pays, déjà peu favorisé par son climat, additionne donc toutes les catastrophes possibles et imaginables. Il est pratiquement impossible d'y porter remède puisque les rares intervenants ne disposent d'aucun interlocuteur, les seigneurs de guerre ne s'intéressant pas à l'environnement mais à l'exploitation de ce qui reste de richesses naturelles pour se procurer des armes et des 4x4.

L'eau qui disparaît

L'eau est de moins en moins disponible sur l'ensemble du territoire et les infrastructures en ruine sont incapables de retenir la moindre goutte des pluies diluviennes qui ravagent parfois le pays lors de la mousson de juin. Les puits se raréfient car ils s'assèchent les uns après les autres en raison de la baisse des nappes souterraines trop sollicitées dans les mêmes zones et sans aucune coordination. Au cours des dernières années, sans que les filières d'approvisionnement puissent évidemment être clairement identifiées, des humanitaires ont trouvé dans certains puits, y compris dans les forages nouveaux, des concentrations surprenantes de pesticides agricoles. Dans la plupart des cas, il s'agissait de molécules interdites d'emploi depuis très longtemps en Europe et aux États-Unis. D'autre part, les concentrations étaient parfois si importantes que les humanitaires ont rapporté des empoisonnements mortels touchant à la fois des familles entières et des troupeaux. Dans le Nord, ce sont des animaux sauvages, une espèce d'antilope notamment, qui ont été décimés en s'abreuvant dans des points d'eau contaminés. Les concentrations de produits chimiques agricoles y seraient encore plus importantes que dans les puits. Problème : officiellement ces pesticides ne sont plus fabriqués et les stocks datant de l'époque des interdictions sont depuis longtemps épuisés. Ce qui pose la question de la responsabilité – y compris pénale – des sociétés internationales qui poursuivent peut-être, clandestinement, la fabrication et la vente de produits interdits et dangereux. Ces entreprises ont une parfaite connaissance des filières discrètes permettant d'écouler des pesticides qui génèrent de somptueux bénéfices puisque les procédés de fabrication sont amortis depuis longtemps. L'hypothèse est sérieuse, et pas seulement sur le territoire somalien.

Des avions venus de nulle part

Ces produits nocifs pour les hommes et l'environnement, très probablement en provenance d'Europe et d'Asie, seraient, semble-t-il, importés par les responsables des factions en guerre. La plupart des groupes qui se disputent le pays et refusent le rétablissement d'un pouvoir central entretiennent dans les savanes des aérodromes rustiques accessibles à des avions, petits ou gros, aussi rustiques que les pistes.

Les chefs de guerre ont tissé depuis une dizaine d'années des « relations d'import-export » directes avec des pays africains ou européens. On retrouve sur ces aérodromes de fortune les mêmes avions et les mêmes pilotes russes ou ukrainiens qui participent au pillage du Congo et d'autres nations africaines. C'est le même système : enlèvement des ressources naturelles en échange de produits introuvables sur place, des armes lourdes ou légères et des véhicules tout-terrain. Tous les pillages de ressources naturelles se déroulent selon la même logique infernale : se procurer de quoi continuer les combats. Un documentariste autrichien, Hubert Sauper, montre dans *Le Cauchemar de Darwin*, hélas peu diffusé, de quelle façon et avec qui fonctionne ce genre de commerce mortel. On y voit comment de gros engins de transport maintiennent des commerces plus ou moins licites avec les endroits les plus reculés de la planète. Il ne s'agit pourtant pas d'avions furtifs : ils déposent des plans de vol et suivent des routes aériennes aussi classiques que connues. Le film montre que les « filets de perche du Nil » pêchés dans le lac Victoria, produit que nous trouvons en abondance au rayon frais de nos supermarchés, sont échangés, à bord d'Iliouchine ou de Tupolev pilotés par des Russes, contre des armes. Ils sont nombreux, les achats « innocents » qui subventionnent les guerres, africaines ou autres. Un jour, désormais proche, les perches disparaîtront des eaux du lac Victoria et les acheteurs d'armes devront trouver une autre richesse à exploiter. Même dans la Somalie au bout du rouleau, il reste encore de quoi faire pendant quelques années, jusqu'à anéantissement complet du pays. Il reste toujours une ressource naturelle à vendre ou à échanger pour la revendre dans un pays industrialisé.

Pâturage et érosion

L'évolution de la disparition des puits est infernale car cette raréfaction des points d'eau dans un pays dominé par les activités des nomades entraîne une concentration des troupeaux dans ces zones. Les conséquences en sont l'épuisement des puits en question et une érosion rapide liée au surpâturage et à la disparition encore plus rapide des arbres et des buissons. Les zones touchées par l'érosion se révèlent rapidement impropres à toute culture, ce qui incite les habitants à passer, pour survivre, de la culture vivrière à l'élevage. Cette évolution accentue les difficultés, la Somalie souffrant actuellement de la croissance rapide de son troupeau de bovidés, de moutons, de chameaux et de chèvres, ces dernières ayant un effet ravageur sur ce qui reste de végétation. En outre, les grands points d'eau font évidemment l'objet d'affrontements entre les troupes des seigneurs de guerre cherchant à réserver l'accès à l'eau pour leurs fidèles. Autre cause de destruction du paysage et de la végétation : faute de routes, les camions de transport et d'approvisionnement roulent n'importe où et n'importe comment à travers les steppes et les savanes. L'érosion se traduit dans le nord et l'est du pays par de très violents « orages de poussière » qui enfouissent des puits, ensevelissent les rares systèmes d'adduction d'eau et enterrent les arbres que les conditions climatiques et humaines n'aident pas à se régénérer naturellement.

Les arbres disparaissent rapidement car ils servent de bois d'œuvre pour abriter les gens et une partie de leurs bêtes. Comme les pasteurs se déplacent, leurs constructions abandonnées sont ensuite brûlées pour la cuisine et la prédation se poursuit ailleurs avec la construction d'autres bâtiments provisoires. Les arbres, notamment les acacias, disparaissent également parce qu'ils sont transformés en charbon de bois. Chaque année, la Somalie exporte environ (c'est une estimation) 30 000 tonnes de charbon de bois et en consomme, ce n'est qu'une autre estimation, au moins une vingtaine de milliers puisqu'il n'existe pas d'autre carburant de chauffe disponible pour la majorité de la population. Les quelques Somaliens qui, souvent depuis l'étranger, tentent d'évaluer la situation environnementale du pays estiment que, chaque mois, environ 100 km^2 de zone boisée partent en fumée. Circonstance aggravante, les très vieux arbres, parfois bicentenaires, sont particulièrement recherchés et donc coupés, parce que leurs racines et leurs parties souterraines fournissent un charbon de bois de meilleure qualité. La disparition progressive des arbres, aux systèmes racinaires très développés pour mieux capter l'eau dans le sol, a pour effet d'accélérer les phénomènes d'érosion et de modifier progressivement le climat déjà trop rude toute une partie de l'année.

Le pillage des plantes

Les espèces sauvages disparaissent et régressent rapidement dans ce pays où tout part à la vente vers l'étranger proche ou lointain. La chasse est très intense, tant pour nourrir les Somaliens que pour alimenter un commerce intense des peaux et du cuir qui quittent le pays par milliers de tonnes chaque année. Les animaux vivants, y compris les oiseaux, font partie des exportations clandestines, si tant est que ce mot ait un sens en Somalie. La flore paie également son tribut à ce pillage conduit avec les conseils de « spécialistes » européens qui organisent la revente après avoir désigné les produits les plus rentables. Depuis l'année 2000, ce sont les succulentes, c'est-à-dire les cactées et les plantes grasses des zones désertiques ou semi-désertiques, qui quittent le sol somalien par dizaines de milliers, alors qu'elles sont nombreuses a être interdites de commerce par la Convention de Washington et les accords de Lusaka signés en 1996 par quelques pays africains. Ces plantes quittent le pays soit par avion soit par la route vers le Kenya, Khartoum ou Djibouti avant d'être expédiées en Europe et aux États-Unis. Les plantes le plus fréquemment victimes de ce trafic sont celles de la famille des aloès. Malheureusement, 24 des 30 espèces d'aloès poussant (lentement) en Somalie sont des espèces endémiques, les plus recherchées par les amateurs, évidemment. Elles sont vendues soit comme plantes ornementales soit comme plantes médicinales. De plus en plus fréquemment, ce sont les sucs prélevés sur les aloès et d'autres plantes qui font l'objet d'un commerce, difficilement décelable, passant par Djibouti. En 2004, les spécialistes ont même repéré des plantes vivantes protégées dans de grandes jardineries en Allemagne et en Californie. Mais la preuve des origines frauduleuses est toujours difficile à obtenir tant les circuits de distribution sont complexes : personne ne peut effectuer de vérifications en Somalie même puisque, comme pour les animaux, ce sont les détenteurs des pouvoirs locaux qui organisent collectes et exportations. Les fortunes issues de ces trafics permettent à leurs organisateurs de mettre en place des systèmes d'acheminement très sophistiqués, comme pour la drogue. Plantes, peaux et animaux rapportent d'ailleurs beaucoup plus aux bandes armées quand ils ont la possibilité d'exporter leurs collectes par les avions qui apportent les armes, ce qui supprime beaucoup d'intermédiaires. Pour le reste, il suffit d'aller au marché de Mombassa au Kenya ou dans celui de Djibouti pour trouver non seulement les succulentes, mais aussi des carapaces de tortue, des peaux tannées de félins ou des œufs de toutes les couleurs et de toutes les grosseurs, y compris les œufs d'autruche, qui valent de plus en plus cher. C'est à Mombassa, à Nairobi ou à Djibouti que les touristes et les voyageurs participent au pillage des dernières richesses de la Somalie, pays où il n'est pas très recommandé d'aller faire du shopping ou se bronzer sur les plages.

Mer et terre poubelles

La Somalie, en voie de disparition et de désertification dans l'indifférence la plus totale pour cause de désordre armé permanent, doit faire face à une autre calamité. Depuis des années, en l'absence de police et évidemment de gardes-côtes, des cargos s'approchent nuitamment du littoral pour balancer en mer des déchets industriels de toutes sortes, soit dans des conteneurs soit en vrac, transformant les eaux territoriales somaliennes en poubelle. Les spécialistes internationaux de l'élimination des déchets, activité pourtant déjà plus que rentable, ont fait un calcul très simple pour gagner encore plus d'argent. Pour éliminer des déchets en Europe ou aux États-Unis, il faut dépenser entre 250 et 300 euros la tonne, selon la « qualité » du déchet. Au large de la Somalie, depuis les bateaux, cela coûte aux « expéditeurs » entre 3 et 10 euros la tonne et il n'y a pas à se préoccuper de la qualité. Simplement, en conteneurs ou en fûts, le prix est plus élevé car il faut balancer le contenant avec le contenu et donc perdre le conteneur, même s'il est déjà un peu délabré. Ces prix comprennent la « protection » accordée aux cargos par tel ou tel chef de guerre qui dispose de vedettes à moteur pour assurer la sécurité et indiquer les « bons coins ». Les chefs de bande organisent également le débarquement de déchets qui sont enfouis sommairement sur le littoral. Mais, évidemment, c'est encore un peu plus cher, parfois jusqu'à 20 ou 25 euros la tonne. En cas de grosses livraisons, les seigneurs de la guerre (*Lords of war* comme on dit en Somalie et dans d'autres pays africains) sont toujours disposés à consentir des prix… Certains, qui ont réalisé tout le profit de ce genre d'opérations, concluent de véritables contrats avec des sociétés des îles Vierges, de Panamá ou des îles Caïmans. Lesquelles récupèrent les déchets – en conteneurs c'est facile – auprès d'éliminateurs de déchets qui ont pignon sur rue et auxquels ces sociétés font des prix. Rares sont les industriels qui se posent ou posent des questions, comme s'ils croyaient aux miracles dans le monde économique dans lequel ils évoluent et traitent leurs affaires. Un autre type de « contrat » a été fréquemment passé entre des chefs de guerre et des entreprises occidentales, directement ou indirectement : le stockage de déchets contre des livraisons d'armes. Ce qui pourrait au moins expliquer en partie les pollutions élevées de certaines nappes phréatiques de la plaine littorale, au nord comme au sud de la capitale, et celles de certains points d'eau mortels pour la faune sauvage.

Les conteneurs radioactifs

Les déversements qui se poursuivent depuis le milieu des années 90, après le départ des dernières troupes des Nations unies, ne relèvent pas du fantasme. Il suffit de parcourir le littoral à 300 kilomètres au sud de Mogadiscio pour apercevoir des conteneurs ou des fûts rouillés et échoués ou à moitié enfouis dans le sable. Des plongeurs d'organisations humanitaires partis admirer la barrière de corail qui longe une partie de la côte en ont découvert bien d'autres sur les fonds, déjà rongés par la rouille, certains paraissant sur le point de se rompre. Dans l'état actuel des choses, il n'est pas possible d'aller examiner ceux qui se trouvent dans des eaux plus profondes.

À la fin de 2004, les effets du tsunami se sont fait sentir jusque sur les côtes somaliennes. La vague a fait une centaine de morts et de nombreux disparus parmi les pêcheurs. Mais, surtout, le raz-de-marée a exhumé des fonds marins de nombreux fûts et conteneurs. Des experts du Programme des Nations unies pour l'environnement qui ont pu se rendre sur place depuis le Kenya sont persuadés que certains containeurs renferment des déchets radioactifs. Ils confirment les informations parvenues jusqu'à Nairobi, à savoir que des hommes qui ont approché des conteneurs, radioactifs ou non, présentent des troubles pulmonaires et des affections importantes de la peau, notamment au niveau des mains. Les pêcheurs malades auraient indiqué que la rupture sur les plages de certains fûts et conteneurs remonte au début de l'année 2004. Ils expliquent aussi que, depuis la fin de 2002, le nombre des poissons morts ou à demi paralysés qu'ils peuvent attraper à la main près de la surface a augmenté de façon considérable. Ils indiquent enfin que les tortues qui viennent pondre sur les plages sont de plus en plus souvent malades ou bien présentent des comportements aberrants. Certaines d'entre elles, après avoir pondu, poursuivent leur chemin vers l'intérieur des terres où elles finissent par mourir sous le soleil, peu à peu desséchées, au lieu de retourner vers la mer après avoir très mal enterré leurs œufs. Malgré les efforts des pêcheurs, elles refusent de retourner vers l'eau qui, probablement, les a empoisonnées. Ce qui conforte les quelques observations faites en Somalie ou rapportées, c'est que la déferlante du mois de décembre a également fait apparaître quelques fûts et conteneurs en très mauvais état sur les plages du nord du Kenya, près d'un parc national marin.

Comment cette Somalie, aux mains de guerriers et de sociétés qui transforment la terre et la mer en enfer après avoir provoqué des centaines de milliers de morts, pourra-t-elle un jour nettoyer sa mer et reconstituer sa biodiversité perdue ?

La réponse à cette question n'existe probablement pas. C'est si loin la Somalie…

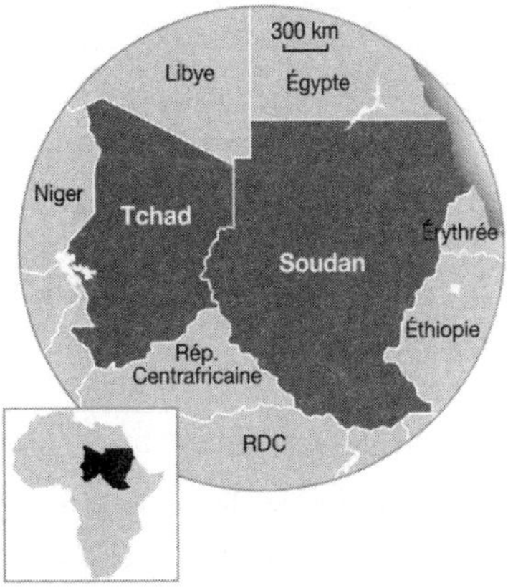

Chapitre 3

Afrique : Soudan et Tchad

Soudan

Superficie : 2 505 813 km^2

Capitale : Khartoum

Population : de 29 à 33 millions d'habitants, selon les sources.

Le plus grand pays d'Afrique, en superficie, est entré en guerre civile un an avant son indépendance, en 1956, après une cinquantaine d'années d'union avec l'Égypte sous domination anglaise. La situation de guerre civile a duré, notamment dans le sud du pays, jusqu'en 1972. Après une période un peu moins agitée, les affrontements ont repris en 1983. Jusqu'à une paix définitive, après de nombreux cessez-le-feu non respectés, signée dans les derniers jours de 2004 par (notamment) le colonel John Garang, chef historique de l'Armée populaire de libération du Soudan, le SPLA. Le Sud, africain et plutôt chrétien ou animiste, a servi pendant des siècles de réserve d'esclaves pour les « arabes » musulmans du Nord et se sent assez peu « soudanais ». À cet antagonisme séculaire, à la revendication d'un véritable fédéralisme et d'une plus juste répartition des revenus du pétrole, s'est ajoutée la décision prise en 1995 par le pouvoir central, dirigé depuis 1989 par le général et dictateur Omar Hassan Ahmed el-Béchir, de faire appliquer la loi islamique, la charia, alors que les musulmans ne représentent que 75 % des habitants sur l'ensemble du territoire. Le Soudan s'efforça de se gagner l'indulgence de la France et de l'Occident en livrant le chef terroriste Carlos au gouvernement français en août 1994.

Ce sont les désormais célèbres cavaliers arabes, les Janjawids, qui ont servi à partir de 1991 de bras armé au pouvoir et aux militaires contre les habitants du Sud. On les retrouve dans le même rôle à partir de 2002, dans le Darfour, où ils s'attaquent à d'autres Africains qui sont, eux, des musulmans. Ces derniers sont soutenus par deux partis, le Mouvement de libération du Soudan et le Mouvement pour la justice et l'égalité, entrés en guérilla à partir de 2003 pour assurer la défense des Africains du Darfour, notamment ceux de l'ethnie majoritaire, les Zaghawas, qui vivent également de l'autre côté de la frontière, au Tchad. Cela ne simplifie pas les rapports avec ce voisin dont le président, Idriss Déby, autre dictateur, appartient également à l'ethnie Zaghawa.

Tchad

Superficie : 1 284 000 km²

Capitale : N'Djamena

Population : 9 millions d'habitants dont 55 % de musulmans et 45 % de chrétiens et d'animistes.

Indépendant depuis 1960, le pays a connu une longue série de guerres civiles mettant aux prises les ethnies sudistes et les ethnies nordistes, le Nord islamisé ayant même fait sécession en 1968 avec l'aide de la Libye. Le plus célèbre des rebelles tchadiens, Hissène Habré, finit par prendre le pouvoir en 1982 après avoir détenu en otage pendant deux ans une archéologue française, Françoise Claustre. Il sera chassé du pouvoir en 1990 par le président actuel, qui installera peu à peu une démocratie de façade lui permettant d'être régulièrement réélu en modifiant la Constitution. Il a survécu à de nombreux coups d'État et à des guérillas aussi multiples que variées, le dernier complot raté remontant à mai 2004. La seule révolution authentique survenue dans le pays depuis 1960 est l'entrée du Tchad, en 2003, dans le club des pays producteurs de pétrole avec une réserve pouvant être exploitée pendant trente ans au minimum. Un gisement qui se trouve dans le Sud, à l'intérieur d'une zone d'activités de groupes armés. Les bailleurs de fonds internationaux ont si peu confiance dans les dirigeants tchadiens qu'ils les ont contraints à adopter une loi obligeant les dirigeants du pays à économiser – à l'étranger – une partie de la rente pétrolière : « pour les générations futures », pour le développement des zones les plus défavorisées et pour la préservation de l'environnement menacé au sud et au nord du pays. La présence du pétrole et la possible découverte d'autres gisements prometteurs explique la présence permanente d'un important contingent militaire français et l'intérêt des responsables américains pour la région, à un moment où les « cavaliers arabes » soudanais font de fréquentes incursions dans le pays et où des groupes islamiques s'implantent dans le Nord.

Sur la route qui mène d'Abéché à la frontière tchado-soudanaise, le camp de réfugiés de Fachana se devine dans la savane arbustive bien avant que la forêt de tentes n'apparaisse comme un mirage tremblotant sur l'horizon surchauffé par le soleil de la mi-journée. Peu à peu, les arbres deviennent plus rares, remplacés par des moignons de troncs. En arrivant vers Fachana, on aperçoit des silhouettes d'enfants et de femmes courbés sous des fagots, se hâtant vers le camp pour trouver un peu d'ombre, avec sur le dos du bois qui servira à faire la cuisine devant chaque tente. Ils sont 15 000 rescapés du Soudan dans ce camp du Haut Commissariat des Nations unies pour les réfugiés, le HCR, et ils n'ont rien d'autre pour préparer le riz et les aliments distribués par le Programme alimentaire mondial, le PAM. Ces réfugiés, bien qu'encore choqués par leur fuite, sont sauvés. Mais, après deux mois de présence à 50 kilomètres de la frontière soudanaise, la maigre végétation commence à disparaître. Même les buissons épineux y passent les uns après les autres, de plus en plus loin du camp. Pour ceux auxquels il reste encore un peu d'argent, des Tchadiens viennent vendre un bois venu d'encore plus loin, une centaine de kilomètres du camp. Dans quelques mois, le désert prendra insensiblement la place de cette savane. Une question de temps : l'ampleur de la surface ravagée dépendra de la durée de vie du camp. Déjà, là où les arbres ont été coupés depuis six mois au ras du sol, la terre fragile dans laquelle le sorgho et le mil peuvent pousser est entraînée par le vent. Aux prochaines pluies, la terre ravagée fournira moins d'herbe pour les troupeaux des Tchadiens. La terre balayée vers le lit creusé des oueds sera emmenée au loin par les prochaines crues. Dans cette région qui accueillait fin 2004 plus de 200 000 réfugiés, chaque camp produit les mêmes effets de déforestation puis de désertification. Déjà, les mammifères sauvages se déplacent vers l'ouest et le sud. Le remède est pourtant connu : fournir aux réfugiés de quoi cuire leurs aliments, du gaz en bouteille par exemple ou des fours solaires feraient en partie l'affaire. Mais ni les budgets du HCR, ni les budgets du PAM, ni les procédures de ces organisations ne permettent la mise en place d'un tel équipement, qui économiserait à la fois la peine des familles et l'environnement. Pourtant, depuis 1993, le HCR s'est théoriquement doté d'une unité environnement chargée d'étudier et de résoudre ce type de difficulté, essentiellement les impacts écologiques des camps de réfugiés…

Les réfugiés qui pompent l'eau

Pour alimenter le camp en eau, des spécialistes européens ont foré des puits. L'emplacement de Fachana, comme les emplacements de la plupart des camps installés au Tchad pour les Soudanais, a été choisi en fonction de cette possibilité, c'est-à-dire de la présence d'eau à faible profondeur.

Dans la moitié des camps de la région, les réfugiés ne manquent donc pas d'eau. Mais, déjà, dans cette région, par conséquence mécanique des nouveaux pompages importants, le niveau des nappes souterraines a commencé de baisser, avec des effets déjà perceptibles sur le niveau des puits préexistants pour la population et sur l'état sanitaire des arbres, car la nappe souterraine baisse aux abords des oueds. Leurs racines ne trouvent déjà plus toute l'eau dont ils ont besoin. Il n'y a rien à faire, ni pour les arbres ni pour l'eau, rien d'autre qu'à espérer que la situation politique du Darfour tout proche revienne à la normale pour permettre le retour chez eux des réfugiés et la disparition du camp. Mais cela ne fera pas repousser la végétation sur cette terre submergée par une population brusquement trop nombreuse. Et de toute façon, chacun sait d'expérience que les camps provisoires ont pour vocation de durer…

L'arrivée dans une région pauvre de gens encore plus pauvres que ses habitants est insupportable, pour les hommes et pour l'environnement, incapable de supporter sans dommages une telle surpopulation. La petite ville frontière d'Adré, avec sa vingtaine de milliers d'habitants, en apporte une autre preuve. L'environnement et les conditions s'y dégradent rapidement et elle se couvre d'ordures qui fermentent au soleil ; elle ne dispose ni d'eau courante ni d'électricité. Pour les Tchadiens, comme pour les Soudanais qui s'y sont installés, la course à l'eau est désormais permanente, malgré une rivière frontière en crue qui ne charrie qu'un liquide limoneux impropre à la consommation. Parfois, au péril de leur vie, des Soudanais foncent dans les eaux en crue avec leurs ânes pour aller puiser un peu d'eau dans les puits du village d'en face qu'ils ont dû abandonner sous la menace des Jandjawids, les cavaliers arabes qui les pourchassent depuis des mois. Rapts d'animaux, pillages, menaces, les histoires se répètent tout au long de la frontière bien que les réfugiés prennent désormais la précaution de s'installer dans l'intérieur, mais jamais trop loin de l'eau, car il faut bien boire et désaltérer les animaux. Souvent abandonnés à eux-mêmes, loin des camps, ces milliers de femmes et d'hommes paraissent oubliés de tous.

Ali Zourdan est l'un d'eux. Quand on lui demande ce qu'il a mangé la veille, il montre une petite boule de mil. L'avant-veille ? Une boulette plus petite... Le menu reste toujours le même depuis des mois ; avec, de temps à autre, quelques plaquettes de pâte d'arachide séchée vaguement sucrée pour les enfants. Menu immuable depuis que les premiers rescapés de son village soudanais sont arrivés sur la rive tchadienne de la rivière Kadja qui sépare le Darfour du Tchad. Des heures de marche après les violences. Chef d'un hameau sauvage installé une vingtaine de kilomètres au nord d'Adré, à Halouta, Ali raconte l'attaque des cavaliers arabes qui veulent éliminer tous les Noirs de la région et le proclament cyniquement à la face de leurs victimes : « Ils arrivent à deux sur un cheval, l'un conduit, l'autre tire à la kalachnikov. D'autres surgissent sur des chameaux, le deuxième homme maniant une mitrailleuse. Ils détruisent tout. Ils vont même jusqu'à enfermer les poulets dans des sacs pour les brûler. Ils piétinent nos récoltes et quand ce n'est pas suffisant ils amènent leurs troupeaux pour manger ce qui reste. » À la fin du mois précédent, faisant confiance aux déclarations des autorités soudanaises, Ali et les hommes de son village ont laissé les femmes et les enfants retraverser pour semer avant les premières pluies. Une façon d'assurer l'avenir et aussi, ils le disent maladroitement mais ils « savent », d'empêcher la terre de partir, « de disparaître vers le désert », explique Ali. Il ajoute, pour terminer une extraordinaire leçon d'écologie appliquée mêlant la réalité aux vieilles croyances animistes de la région, que « la terre a besoin des graines pour vivre, que c'est comme sa nourriture, sa récompense. Sans graines, la terre va mourir, c'est pour cela que nous voulions y retourner. Elle ne nous attendra pas longtemps, il faut la protéger, l'aimer comme un membre de sa famille. Si on la soigne, elle nous le rend, elle nous aide aussi à vivre. Nous sommes, comme des milliers d'autres, des orphelins de notre nature. Notre pays va être avalé par le désert, *Inch Allah* ». Il pourrait ajouter que leurs dernières graines, celles qui poussaient bien dans leur village, sont perdues. Car pendant ce retour au pays « pour sauver la terre », les Jandjawids sont revenus. Ils ont violé les femmes et battu les enfants avant de disperser toutes les graines apportées et de détruire les quelques outils que les femmes et les enfants avaient emmenés. Ali a raison : jusque-là fertiles, les terres de son village, comme dans des centaines d'autres villages du Darfour, vont rapidement retourner au désert, les dernières végétations étant broutées par les troupeaux des cavaliers. Les ennemis héréditaires de ceux qui cultivent, ceux qui se déplacent sans relâche contre les sédentaires.

Si Dieu le veut, il pleuvra…

Ali et ses villageois ont, grâce à des voisins qui leur ont prêté des semences, ressemé au Tchad, pour se nourrir et rendre hommage à la terre qui les accueille : « Elle nous attendait et, si Dieu le veut, il pleuvra suffisamment. » Ali contemple avec espoir le semis des quelques kilos de graines donnés par des Tchadiens. Mais en attendant la récolte, qui s'annonce maigrichonne vu l'état des pousses, ils n'ont pratiquement rien à manger ; et quand nous sommes arrivés ils se partageaient deux kilos de sel et trois kilos de sucre pour 400 personnes. Dans les cases sommaires, la terre battue sert de matelas. Ali égrène ce qui manque : « Pas de marmites pour cuire, pas de plats, pas de matelas, aucun médicament, nous n'avons rien. Si quelqu'un est malade il faut le transporter à dos d'homme jusqu'à Adré. » Pourquoi ne pas aller dans les camps ? La réponse jaillit : « Nous ne voulons pas mendier, nous voulons simplement que l'on nous aide à vivre ici de nos bêtes et de notre culture en attendant, un jour, de retourner chez nous. Il y a de la place ici et nous avons l'habitude de travailler dur, notre vie c'est la culture, la lutte avec une terre qui ne se laisse pas faire mais qui nous nourrira si nous la protégeons comme la nôtre. » Mais ils ne savent pas que l'espace de terre qu'ils se sont attribué ne supportera pas plus de quatre ou cinq maigres récoltes avant de s'épuiser. Ou plus exactement, ils n'ont pas cru le jeune technicien agricole tchadien qui est passé les voir quelques jours plus tôt, tant ils sont persuadés que leur volonté suffira.

De l'autre côté de la frontière, au Darfour occidental ravagé par la guerre civile, la situation des hommes et de l'environnement n'est pas meilleure, parce que des centaines de villages ont perdu leurs zones de cultures après les raids des cavaliers et les bombardements avec des fûts de kérosène largués d'avion pour mettre le feu aux maisons et aux récoltes. L'essentiel de cette région fertile et relativement bien arrosée du Darfour est abandonné par ses habitants, livré aux troupeaux qui broutent les dernières récoltes ou les champs qui se sont ressemés naturellement. Plus d'un million de personnes errent à travers cette région grande comme la France et, au printemps 2005, les morts se comptaient par dizaines de milliers, au point que des organisations internationales commencent à utiliser le mot génocide.
Vers le sud-ouest, les Jandjawids, qui ont juré de chasser tous les Noirs et l'armée du gouvernement de Khartoum, tiennent la partie soudanaise de la ville de Tiné, désertée par ses 45 000 habitants, mais ils n'en sortent plus. De peur de se heurter aux combattants du Mouvement pour la justice et l'égalité (MJE) qui règnent sur le nord, l'ouest et une partie du sud du Darfour. De Adré la Tchadienne, qui a souffert sous la ruée des réfugiés, on aperçoit par-dessus l'oued toutes les maisons brûlées de la ville fantôme dont les malheurs alimentent la colère des rebelles. Et des restes de troupeau qui erre dans la végétation noircie.
Dans le bas du quartier tchadien d'Adré, un vieil homme fatigué, Hassan Ali, montre sa maison de l'autre côté du ouadi (rivière) qui roule des eaux jaunes : « Tous les jours je viens la regarder ; tous les jours que Dieu fait ; tu vois l'arbre devant ? Je l'ai planté à la naissance de mon fils il y a trente ans. Les Jandjawids l'ont tué et ils ont coupé les branches de l'arbre. Ils ne respectent rien ni personne. » Des pillards tortionnaires et destructeurs auxquels se heurtent de plus en plus souvent les groupes armés du MJE qui nous accueillent sur les terres « que nous avons en partie libérées depuis un peu plus d'un an », explique le chef du détachement, Ahmat Bokhit, leur porte-parole (qui a vingt-deux ans et un enfant de dix mois), orphelin, hébergé provisoirement dans un orphelinat tchadien. Ahmat ne sait pas où

sont ses propres parents ni s'ils sont vivants. Il parle d'un génocide et d'une destruction systématique des terres, de la nature, d'empoisonnement des puits et des animaux domestiques ou sauvages.

Pour preuve de la collusion entre l'armée soudanaise et les pillards Jandjawids, Aboubaker Amid Nour sort un étonnant document de sa serviette : la photocopie, avec noms, numéros de série, de la liste de toutes les armes lourdes ou légères distribuées par les arsenaux militaires aux milices Jandjawids. N'y manquent même pas les noms des chefs de groupe et l'état des armes, neuves ou d'occasion. La liasse de documents, parvenue par l'intermédiaire d'un « espion » dans les services secrets, est épaisse : plus de six mille attributions. « Comment le gouvernement peut-il encore prétendre qu'il n'est pour rien dans les massacres ? » soupire Aboubaker, qui raconte comment le mouvement constitué en 1999 a dû peu à peu se résoudre à faire le choix de la lutte armée : « En 2002 et évidemment en 2003, car il nous était impossible de rester indifférents aux attaques contre nos compatriotes du Darfour. En un an, près de 3 000 villages ont été brûlés, en partie ou totalement. Quand nous capturons des Jandjawids ils nous disent : "Le gouvernement nous a promis vos terres." »

Ahmat Bokhit, le jeune porte-parole qui arbore un pistolet récupéré sur un officier de l'armée soudanaise, ajoute : « Ici, c'est la guerre des bruns (les Arabes) contre les Noirs, les gens dont les racines sont africaines, une guerre que nous ne pouvons pas accepter car c'est une guerre pour tuer la nature que nous avons façonnée, apprivoisée. Si nous les laissons faire ils feront de notre pays un désert, une terre brûlée sans arbres et sans animaux. »

Les dégâts se mesurent par photos satellite

Ces hommes, les responsables et les autres, passent vite des grands principes, de leurs doutes sur le succès des prochaines négociations à la vie quotidienne des gens du Darfour. Ils expliquent comment et pourquoi les villages alentour, ont été ravagés, pourquoi les paysans, les plus nombreux, avec les jeunes étudiants viennent chaque jour les rejoindre pour s'enrôler.

Dans un coin, un adolescent de quinze ans pleure : les officiers ont refusé de le prendre avec eux. Avec un autre il sera reconduit à sa famille, malgré les risques : « Pas question d'armer des gens au-dessous de dix-huit ans, assure le porte-parole. Ce garçon doit aller dans un village libéré, se mettre à la culture, apprendre comment faire vivre la terre pour que nos savoirs soient retransmis. C'est la volonté de Dieu. »

Comme les journalistes, les organisations non gouvernementales ne sont pas vraiment les bienvenues dans cette région. Elles éprouvent donc beaucoup de difficultés à aider les réfugiés, à s'occuper des nombreux camps installés à l'intérieur du Darfour et à dresser le bilan des dégâts agro-environnementaux. Plusieurs d'entre elles, notamment Amnesty International, certaines bénéficiant d'un exceptionnel coup de main américain, ont eu recours à des photos satellite pour évaluer la situation de la région. Elles ne peuvent malheureusement pas fournir des éléments sur le quotidien des exactions contre les habitants, sur les meurtres, sur les viols et sur la peur qui saisit des millions de Noirs ; tout au moins officiellement. Mais la précision des images des derniers satellites américains Landsat et surtout la comparaison des images prises à des périodes différentes donnent des informations fiables sur la destruction des villages et sur l'étendue et la localisation des récoltes ou des zones de culture brûlées et saccagées. Dans la région de Mornay, dans l'ouest du Darfour, cette utilisation de la photographie satellitaire en 2004 montre, par comparaison, que 44 % des villages, avec leur environnement végétal sauvage ou planté, sont détruits et brûlés. Pour la zone autour d'Al-Jeneina, la proportion est de 40 %. Les rares observateurs des associations humanitaires visitant les villages touchés dès 2002 racontent que les dégâts de l'érosion, celle des pluies et celle du vent, sont déjà visibles ; et aussi que les espèces sauvages sont en très nette régression ou parties vers les zones plus montagneuses. Commentaire d'Amnesty International : « Ces lieux de vie parfois très anciens sont maintenant déserts, réduits en cendres. Leurs habitants ont été chassés ou contraints de se regrouper dans des camps pour PDI (personnes déplacées dans l'intérieur, selon la terminologie des Nations unies), quelquefois pour se retrouver dans un état de quasi-famine, sous les ordres ou la surveillance de ceux qui ont tué leurs proches et détruit leurs biens. »

Certaines photographies, la visite de quelques villages fantômes et de nombreux témoignages montrent aussi que les cavaliers arabes coupent ou détruisent systématiquement les grands arbres. Lesquels ont pour fonctions d'exprimer un symbole intergénérationnel et de maintenir les sols, de procurer de l'ombre à des cultures vivrières, de servir, seuls ou groupés, de repères géographiques pour les voyageurs, et aussi de symbole de la pérennité ou de l'ancienneté des villages. La plupart de ces arbres abattus ou mutilés étaient plus que centenaires. Leur disparition touche les villageois autant que les exactions. Elle les meurtrit autant que le désastre écologique qui se profile et dont ils n'ont pas encore tous conscience. Consciemment ou non, les cavaliers arabes instrumentalisés par le pouvoir soudanais ont organisé, et organisaient encore au début de 2005, une annihilation parfaite de la population, d'un pays et de son environnement naturel.

Sud-Soudan écologiquement sinistré

Cette perfection dans la tentative d'anéantissement d'un « territoire-population » a également marqué la guerre qui a opposé pendant plus de vingt ans le pouvoir central soudanais aux autonomistes devenus indépendantistes du sud du Soudan. D'autant plus qu'à partir de 1991 les cavaliers avaient pratiqué les mêmes méthodes d'intimidation, en supplétifs de l'armée, que dans le Darfour. La guerre interminable a marqué les populations mais aussi les paysages. Au moment de la signature de la paix à la fin de 2004, le nombre des victimes était évalué entre 2 et 3 millions depuis 1983. Toute cette province est ravagée alors que des centaines de milliers de réfugiés commencent à revenir sur les terres dont ils ont été chassés. L'argent du pétrole, désormais à partager entre le Nord musulman et le Sud négro-africain, chrétien et animiste, ne suffira pas, avant longtemps, à restaurer les écosystèmes détruits et abandonnés. De nombreuses villes comme Tali n'ont même pas d'électricité, le taux d'analphabétisme dépasse 80 %, les enfants enrôlés de force dans les combats devront être rééduqués, et le recensement suivi de l'éventuelle réhabilitation des milliers de puits abandonnés venait seulement de commencer en février 2005. Écologiquement parlant, l'essentiel de ce territoire est sinistré au dernier degré. Comme sur le plan agricole et évidemment humain. Une situation qui, par son ampleur et sur une telle superficie, 800 000 km^2, a peu d'équivalent dans le monde.

C'est évidemment la découverte du pétrole à la fin des années 70 et la certitude, plus tard, que les réserves étaient importantes qui incita les pays occidentaux, et plus particulièrement les États-Unis, à s'efforcer de pousser les belligérants à un accord. Cela prit des années, tant était grande la complexité des nombreux mouvements qui s'opposaient au pouvoir central tout en s'affrontant quasiment en permanence au gré de chefs de guerre, de plus en plus nombreux. Une situation si compliquée qu'elle défie les analyses et permet d'être pessimiste sur la paix désormais officielle.

Plus personne ne sait combien de personnes, 6 millions avant la guerre, habitent cet immense territoire dont une grande partie, même dans la région du Haut-Nil, fut autrefois fertile. Nul ne sait non plus comment remettre en culture des régions verdoyantes comme celle de Tali, car cette ville où s'arc-boutèrent le pouvoir et son armée est toujours entourée d'une ceinture de mines qui s'étend jusqu'à une centaine de kilomètres.

Quand l'équilibre écologique devient utopie

Les raids, les attaques des uns, la résistance des autres, les pillages, les combats, la destruction systématique ou, comme au Darfour, l'empoisonnement méthodique des points d'eau ont fait du Sud-Soudan un univers qui ressemble de plus en plus à un désert. Le responsable de l'une des rares organisations humanitaires réussissant à faire passer des secours m'expliquait récemment : « Même les animaux sauvages ont fui vers le sud, vers le Kenya ou l'Ouganda ; ou bien ils sont morts, tués par milliers par les sources empoisonnées et empoisonnant de nombreux oiseaux et

d'autres animaux. Année après année, j'ai vu ce pays se désertifier, perdre sa substance, sa vie, une partie importante de sa végétation. Il y a de grands territoires, notamment sur les bords du Nil, dans lesquels je ne vois pas comment des populations pourront relancer des cultures. L'érosion et les pluies ont durci et stérilisé les sols. Cette région, du point de vue des hommes et du point de vue de la nature, est au bord de la mort clinique. »
Évidemment, cette extraordinaire chute de la biodiversité n'a aucune commune mesure avec les dégâts humains, de la mort à la malnutrition endémique, dont l'organisation Action contre la faim a dressé un tableau saisissant à la fin de l'année 2004. Mais l'état de la nature est tel que la dévastation subie compromet les chances de la population de trouver (non pas de retrouver car la région est négligée depuis la fin du XIXe siècle) un équilibre alimentaire. Quant à l'équilibre écologique, c'est désormais de l'utopie dans ce « pays » dont les chefs disent qu'il aspire à l'indépendance, alors qu'il ne possède même pas une seule route carrossable tout en étant largement plus vaste que la France.
Comme quoi les marchands d'armes peuvent être, en plus, les ennemis les plus efficaces de l'écologie.

Chapitre 4

Afrique : Liberia et Sierra Leone

Liberia

Superficie : 111 370 km², avec une importante façade maritime de 580 kilomètres.

Capitale : Monrovia

Population : Environ 3,4 millions d'habitants dont la langue officielle est l'anglais, compris par seulement 20 % de la population. Un million de personnes dans la capitale, 20 % étant porteurs du sida. 40 % des Libériens sont animistes, 40 % chrétiens et 20 % musulmans, des estimations à prendre avec précaution car elles varient assez sensiblement selon les sources. 85 % de la population survit avec un revenu inférieur à un dollar par jour dont la moitié au-dessous de un demi-dollar. Espérance de vie : au plus quarante et un ans, car fin 2004 les hôpitaux et la médecine publique ne comptaient plus que 40 médecins.

Sierra Leone

Superficie : 73 326 km²

Capitale : Freetown

Population : 5,2 millions d'habitants. 92 % de catholiques et 6 % d'anglicans, chiffres à prendre également pour ce qu'ils sont : une estimation. La langue officielle est l'anglais qui est compris par un quart de la population. Espérance de vie : quarante-trois ans.

Le Liberia a une histoire singulière : il fut créé au XIXe siècle à partir de colonies d'esclaves noirs américains affranchis et revenus en Afrique. Leur installation, à partir de 1822, sur l'emplacement de la future capitale, Monrovia, fut organisée et financée par des philanthropes, dit leur histoire, américains et blancs. La colonie devint en 1847 une nation indépendante dotée d'une Constitution calquée sur la loi fondamentale américaine. Les colons, qui choisirent l'anglais comme langue officielle, ne partagèrent guère le pouvoir avec les populations locales ; bien que ces Américano-Libériens n'aient jamais représenté, ni au XIXe siècle ni aujourd'hui avec leurs descendants, plus de 2 à 3 % de la population. Par prudence, ils avaient instauré un suffrage censitaire. Les relations économiques du Liberia furent longtemps quasiment exclusivement tournées vers les États-Unis, dont les entreprises exploitaient la forêt et le caoutchouc de l'hévéa grâce à d'immenses concessions qui dépassaient, comme celle de Firestone par exemple, 400 000 hectares et où se pratiquait le travail forcé. Au moment où la plupart des pays africains s'affranchissaient du contrôle des pays colonisateurs, les populations autochtones du territoire libérien commencèrent à réclamer un partage du pouvoir face au parti unique instauré en 1960. Elles ne parvinrent à leurs fins que dans les années 80 après un putsch sanglant et l'assassinat du président. Cet épisode marqua la fin du règne des américano-libériens. Mais, faute d'une préparation à la démocratie, le pays fut peu à peu livré aux oppositions ethniques réparties en une quinzaine de groupes. Une guerre civile éclata en 1989, faisant surgir, face à d'autres responsables qui furent assassinés, le Front national patriotique de Charles Taylor. Cet économiste formé aux États-Unis fut élu chef de l'État en 1997, sans que cessent les combats avec, contre ou entre différents mouvements de libération. Le pays ayant sombré dans le chaos, tous les services publics comme l'eau, l'électricité ou le téléphone ayant disparu, les Nations unies sont intervenues en 2003, contraignant Charles Taylor à se réfugier au Nigeria. Il ne peut pas quitter ce pays car il reste sous la menace d'un procès pour crimes contre l'humanité par le Tribunal spécial de Sierra Leone, le pays voisin où se sont prolongés les combats et les pillages. Cette inculpation n'empêche pas Taylor de gérer ses sociétés libériennes. Un nouveau président (provisoire), Gyude Bryant, est chargé de conduire ce pays ravagé à des élections prévues fin 2005. Le bilan des années de combats est d'au moins 250 000 morts, dont la moitié de civils, plus d'un tiers de la population ayant été déplacée au moins une fois. Ce qui explique qu'en 2005 seulement 10 % des 4,6 millions d'hectares de terres arables sont cultivés.

La Sierra Leone, ancienne colonie britannique indépendante depuis 1961, a connu depuis de nombreux affrontements et coups d'État. À partir du début des années 90, le pays a été le théâtre d'une violente guerre civile qui n'est que le prolongement de celle du Liberia, les réfugiés et les troupes de Charles Taylor s'installant dans une partie du pays. Un calme très relatif est revenu depuis les accords de paix de 1999, sous le contrôle des forces des Nations unies et de la Grande-Bretagne. Le Tribunal spécial pour la Sierra Leone doit juger les crimes de guerre commis pendant les dix ans de guerre civile.

« Dans ce pays, les liens directs entre l'environnement et la sécurité sont évidents, comme les rapports entre l'environnement et le développement. Une navrante gestion et la surexploitation des ressources naturelles ont créé et nourri les conditions d'une guerre civile et alimenté le conflit au cours des quatorze dernières années. Avec les accords de paix d'Accra et l'aide de la communauté internationale, il existe maintenant pour les Libériens une possibilité de construire un système de gouvernance solide, transparent et efficace, pour un développement durable des grandes ressources naturelles du pays. »

Ce qui est admirable avec les fonctionnaires des Nations unies (il n'est pas question ici de nier leur compétence), c'est leur incurable optimisme toujours enrobé dans une superbe langue de bois. Ces quelques phrases figurent en tête d'un rapport du Programme des Nations unies pour l'environnement daté de février 2004. Elles ne reflètent qu'une partie de la réalité : le pays est en ruine et, plus d'un an après la paix imposée par la communauté internationale, lassée de nourrir une population abandonnée à elle-même, la production d'électricité, la distribution d'eau, le traitement des eaux usées et le ramassage des ordures ne sont toujours pas assurés dans une capitale rassemblant pratiquement un tiers de la population. Si cela est possible, la situation est encore pire dans l'intérieur du pays. Il faudra des années pour que la population retrouve ses régions d'origine et des conditions de vie décentes, pour que l'environnement soit en partie restauré ou simplement pour que cessent les pillages qui détruisent la nature libérienne, destruction qui met en cause l'avenir des habitants. Comme le souligne un rapport de la FAO rendu public en mars 2005, le Liberia fait partie des pays où les coupes sauvages de bois ont servi à acheter des armes, lesquelles permettaient de raser encore plus de forêts pour se procurer encore plus d'armement. Ce cycle infernal ne peut s'interrompre par miracle dans un territoire placé sous perfusion internationale et où le taux de chômage de la population avoisine 90 %. Ce qui est un record, même pour un pays africain.

Pillage du bois toléré

Les coupes et exportations illégales de bois, sur lesquelles la plupart des pays occidentaux ont fermé les yeux – par exemple, la décoration de la Très Grande Bibliothèque de Paris a utilisé du bois originaire du Liberia –, ne sont pas la seule cause de la régression de la forêt libérienne. Comme de nombreux pays africains, mais bien plus que d'autres à l'exception de la Somalie, le Liberia est un gros producteur de charbon de bois pour la consommation intérieure : il n'existe plus rien d'autre pour cuire les aliments et 99 % de la population dépend pour son alimentation du charbon de bois ou du bois fraîchement abattu. Plus les forêts « s'éloignent » des centres urbains, plus le charbon de bois prend de l'importance, plus son prix augmente. Et plus il est cher, plus il rapporte et plus la production prend de l'ampleur. D'autant que ce charbon de bois est également préparé pour l'exportation, parce que les pays voisins ont souvent déjà consommé une large partie de leurs forêts. En 1990, le charbon de bois représentait moins de 1 % du revenu national ; en 2005, le chiffre dépasse 10 %. Comme dans d'autres pays écartelés entre guerre et survie, entre guerre et profit, les affaires ont continué pendant les affrontements. Au cours des quinze dernières années, les navires n'ont jamais cessé d'exporter des troncs d'arbre et de grandes cargaisons de charbon de bois depuis Free Port Harbour, près de Monrovia. Les forêts de l'intérieur ont évidemment beaucoup souffert, mais pas autant, pour la fabrication du charbon de bois, que les forêts littorales et les mangroves, les précieux espaces boisés du bord de mer.

Forêts menacées

Tout le grand massif forestier de la région, ce que les spécialistes appellent « la forêt guinéenne » et qui couvre 420 000 km^2 au Liberia, dans le sud-est de la Guinée, dans l'est de la Sierra Leone, dans l'ouest de la Côte d'Ivoire et au Ghana, est menacé. Depuis une vingtaine d'années, les trois quarts de ce massif interrégional ont été au moins partiellement déboisés, la part la plus importante restant au Liberia. La forêt est passée, au cours des quinze dernières années, de 38 à 30 % de son territoire. Chiffre à rapprocher d'une donnée historique : au début du XXe siècle, le territoire libérien était couvert à 90 % par la forêt humide tropicale, un cas unique en Afrique occidentale. Aujourd'hui ne subsistent plus que deux grands massifs, l'un dans le nord-ouest du Liberia, l'autre dans le sud-est. Ils ne sont plus reliés entre eux et, surtout, ils sont de plus en plus morcelés par des pistes. Les espaces touchés n'ont plus le temps de se régénérer avant que surviennent l'érosion et la stérilisation des sols. Les causes en sont les guerres et affrontements successifs et l'absence d'un État imposant des règles minimales, ce qui permet les coupes sauvages, l'installation anarchique des camps de réfugiés, l'arrivée de personnes déplacées et les défrichages pour mises en culture provisoires. Pèsent aussi sur la forêt les ouvertures de nombreuses pistes ayant aussi bien permis le passage des combattants que l'exploitation clandestine des diamants ou de l'or et l'évacuation des arbres coupés illégalement. Depuis des années – et cela continuait en 2004 malgré une paix relative –, les pistes sont tracées n'importe où et n'importe comment avec des bulldozers. Elles deviennent rapidement impraticables mais les sociétés d'exploitation en ouvrent immédiatement de nouvelles. Illustration saisissante : les cartes satellite font apparaître, par superposition, les effarantes progressions de la déforestation dans un rayon d'une centaine de kilomètres autour de Monrovia. Sur la côte, d'autres cartes expliquent la régression des surfaces boisées en montrant en même temps l'extension des zones d'urbanisation sauvage autour de la capitale et autour d'autres villes côtières.

Le trafic de bois se poursuit pendant la paix

En continuant de verser des contributions régulières et substantielles aux groupes de rebelles, des sociétés américaines, suédoises, anglaises, directement ou par intermédiaires, ont passé outre les tardives interdictions des Nations unies (2001) de prélever et d'exporter des arbres. En fait, les menaces de l'ONU ont eu pour conséquence de faire monter les prix et les profits. Pour la seule année 2002, les exportations illégales de bois ont représenté 170 millions de dollars. La cartographie des zones ayant fourni le plus de bois coïncide parfaitement avec les espaces qui étaient les plus efficacement tenus par des groupes de rebelles. Dans ces zones, le nombre de routes forestières a été multiplié par dix au cours des quinze dernières années. Elles étaient et sont encore très utiles aux groupes armés, ce qui rappelle cette terrible corrélation entre l'achat des armes et la vente des arbres décrite par la FAO.

Un nouveau trafic prend de l'ampleur : comme les exportateurs doivent « payer » à de plus en plus de gens et que quelques contrôles ont été mis en place, les trafics de bois passent de plus en plus souvent par la Côte d'Ivoire, par la Guinée au nord et par la Sierra Leone qui n'a plus assez d'arbres accessibles pour alimenter un commerce régulier. Ce trafic en hausse est destiné à la consommation de ces pays et à l'exportation à destination de l'Europe. Ce sont donc actuellement les zones frontières qui souffrent le plus des coupes. La situation la plus difficile se constate vers la Sierra Leone où il n'y a guère plus d'État qu'au Liberia. Les dix dernières années de guerre civile y ont produit les mêmes effets que dans l'ancien protectorat américain.

Littoral pollué

Dans les années 70-80, le pays vivait des exportations du minerai de fer, du riz et du caoutchouc. Ensuite, pendant sa période noire, il a essentiellement vécu du trafic de diamants et du bois, avec, en plus, l'exploitation d'un extraordinaire gisement de profit international : les pavillons de complaisance. Le pays possède la seconde flotte du monde : 1 800 bateaux, dont 35 % de pétroliers, sont immatriculés à Monrovia, où ils ne font pas souvent escale, sauf quand ils sont en mauvais état. D'après les assureurs, les tankers battant pavillon libérien relâchent chaque année dans la mer, accidentellement ou volontairement, entre un et deux millions de tonnes de pétrole. Le pétrole suinte en permanence des réservoirs de Free Port Harbour, le port de Monrovia. Tout comme suintent de pétrole, de fuel et de produits chimiques divers les navires coulés par les combats ou la vétusté le long des quais. Des navires coulés et échoués, polluant régulièrement, il en rouille aussi des dizaines tout le long de la côte libérienne. Certains ont été jetés à la côte pour toucher l'assurance, les autres balayés par des tempêtes surprenant des équipages incapables, que ne contrôlait et ne contrôle toujours pas l'administration libérienne, qui se borne à encaisser les droits d'enregistrement dont une part a été transformée en armes ou s'est enfuie avec les chefs de guerre prenant du large.

Ces navires abandonnés contribuent à la pollution de la zone littorale où vit 60 % de la population. Entre la disparition des mangroves, l'érosion qui entraîne un recul du rivage de trois mètres en moyenne chaque année, les prélèvements de sable non réglementés, les dépôts d'ordures et de déchets divers, la pollution pétrolière venue du large, l'écoulement des eaux usées, le littoral libérien a beaucoup souffert de la guerre et aucune amélioration n'est en vue. Les capacités de régénération naturelle des mangroves décroissent très rapidement et dans dix ans il n'en restera guère qu'un tiers. On y constate une baisse importante des facultés nourricières de la zone infralittorale pour les crustacés, les mollusques et les poissons dont les populations sont en chute libre. C'est sur cette côte, parce qu'il s'agit d'une ressource financière importante pour des gens aux abois, que plus d'un millier de tortues de mer sont exterminées chaque année. Une chasse qui cessera bientôt, puisque, d'après les estimations des experts des Nations unies, depuis quelques années, 95 % des œufs pondus sur les plages sont récupérés par les habitants des zones côtières.

La biodiversité en chute libre

Au pays des enfants-soldats, puisque la moitié des combattants des quinze dernières années, comme en Sierra Leone, avaient moins de dix-huit ans, tous les trafics, pollutions et destructions ont des effets de plus en plus visibles sur la biodiversité. Avant les affrontements, les naturalistes avaient répertorié 135 espèces de mammifères, 590 espèces d'oiseaux, 162 espèces de poissons d'eau douce et plus de 2 000 espèces de plantes dont 240 à 250 espèces d'arbres. Comme en Sierra Leone où les données de base étaient à peu près les mêmes, toutes les espèces sans exception sont en régression, et environ 20 % sur le point de disparaître. Parmi les plus menacées se trouvent l'hippopotame pygmée, l'éléphant forestier, le léopard, le zèbre, la mangouste, le pangolin géant, les antilopes et les chimpanzés dont le nombre aurait chuté en 2004 à un seuil critique compris entre 1 000 et 4 000. La fragmentation progressive des habitats ou leur modification est une cause importante de disparition pour toutes les espèces.

Mais la chasse compte pour beaucoup dans ces différentes régressions. Non pas une chasse plaisir mais une chasse économique, voire de survie, destinée à procurer ce que l'on appelle de la « viande de brousse » : viande pour nourrir les ruraux, viande pour les rebelles, les bûcherons, les camionneurs, les chercheurs d'or et de diamants, une viande indispensable à toutes les activités illégales. Une partie de cette viande, celle des antilopes comme celle des chimpanzés, a été et reste consommée sur place. Une autre partie est fumée ou boucanée et exportée vers les villes ainsi que vers la Sierra Leone et la Côte d'Ivoire. Nul contrôle frontalier n'est en mesure, absence de personnel ou corruption, de s'opposer à des exportations illégales. D'autant plus que les Libériens, comme les Ivoiriens et les habitants de Sierra Leone, sont intimement persuadés que leurs ressources animales sont illimitées. C'est la conviction des rebelles reconvertis en chasseurs professionnels qui mettent peu à peu en place des camps de chasse très organisés, camps en partie financés par les commerçants des villes qui fournissent les cartouches et le matériel pour boucaner plus efficacement. En échange, ils organisent l'écoulement de la marchandise. Les prix montent régulièrement depuis le retour de la « paix ». Résultat : vers le nord-ouest, dans le centre et dans le sud-est du Liberia, il existe déjà des zones pratiquement vides de tout gibier.

Des parcs de papier

Au début des années 80, des zones protégées ou à protéger avaient été définies par les autorités libériennes, cédant aux « amicales pressions » d'organisations internationales. Certaines, comme le parc national de Sapo, ont été réactivées en octobre 2003 par le nouveau gouvernement. Mais, faute de moyens, de pouvoirs et de réelle volonté politique, et aussi parce que la population affamée et affaiblie exprime d'autres besoins et d'autres urgences, ces parcs et réserves ne sont que des dessins sur les cartes. Et dans le parc de Sapo, les trafiquants chassent toujours et coupent sans relâche les arbres pour l'exportation.

De toute façon, ces espaces « à protéger » ne peuvent rien contre les mécanismes enclenchés de l'érosion et de la transformation des sols si dénudés que dans les collines de l'arrière-pays des rivières disparaissent. Ils ne peuvent pas non plus lutter, autre exemple, contre l'acidification des eaux de toute une région par les 300 millions de tonnes de déblais extraits de l'ancienne exploitation de minerai de fer de Mount Nimba dans le nord du pays. Ils ont été abandonnés en 1991, pour cause de guerre, par les exploitants américains et les Suédois. Il tombe entre deux et trois mètres d'eau par an sur ces gigantesques terrils, ce qui entraîne une acidification progressive des cours d'eau, des lacs et des sols, avec comme corollaire la disparition de nombreuses espèces de poissons, de nombreuses espèces de plantes dont des arbres. Dans certaines zones, car la situation du site de Mount Nimba n'est pas unique, l'eau n'est plus potable. Situation paradoxale dans un pays qui ne manque pas d'eau, puisqu'elle tombe en abondance et couvre au moins 15 000 km^2 de son territoire.
Second aspect du paradoxe de l'eau : alors qu'il existe des nappes peu profondes partout, elle est de plus en plus polluée, en zone rurale et surtout dans les zones urbaines et leurs alentours en raison de l'absence de toute règle sanitaire, de la disparition des systèmes d'évacuation et de la destruction des stations d'épuration. Il n'en existe plus qu'une seule, fonctionnant cahin-caha, à Monrovia… pour quelques dizaines de milliers de privilégiés, 1,5 % des habitants de la capitale étant reliés à un système d'évacuation, ce qui ne signifie pas que ces eaux soient vraiment traitées. Tout, ou presque, part dans les cours d'eau et les nappes phréatiques, de quoi empoisonner les animaux et les hommes. Pourtant, en 1990, plus de la moitié de Monrovia et des zones urbaines avait accès à un réseau d'eau potable. La situation est à la fois anarchique et dangereuse car, depuis, tous les nouveaux forages ont été pratiqués un peu n'importe où, sans aucune concertation ni précaution, aussi bien en zone urbanisée que dans les camps de réfugiés-déplacés qui abritent encore plus de

500 000 personnes, sans compter les camps pour les réfugiés ayant fui la Côte d'Ivoire et la Sierra Leone.

Pollution de l'air maximale

Lorsqu'ils ne se brûlent pas lentement les poumons en confectionnant du charbon de bois de façon artisanale et dangereuse, les Libériens des zones urbaines respirent les produits toxiques issus de la combustion permanente des déchets domestiques, plastiques ou para-industriels que personne ne ramasse plus, alors qu'avant la guerre, 85 % des ordures étaient collectés à Monrovia et dans les villes de la côte. Tous les équipements de collecte et de ramassage ont été détruits par les combats, certaines bennes ou camions à ordures ayant été transformés en engins de guerre ou de transport de combattants. Tout le monde inhale en permanence les poussières d'amiante, de dioxine et de résidus de batteries, de solvants et de plastiques. Un empoisonnement permanent au cœur d'un immense dépotoir. Avec, en supplément aggravant, les gaz dégagés en permanence à Monrovia par les 50 000 petits et gros groupes électrogènes qui tentent sans répit de lutter contre l'absence totale de production électrique organisée puisque toutes les stations électriques ont été détruites par quinze ans de guerre. Dans un univers où les tensions relèvent essentiellement, désormais, de la dégradation de l'environnement et des ressources naturelles, il est à craindre que, comme dans les pays voisins, les kalachnikovs restent encore longtemps les outils de productions les plus « efficaces »...

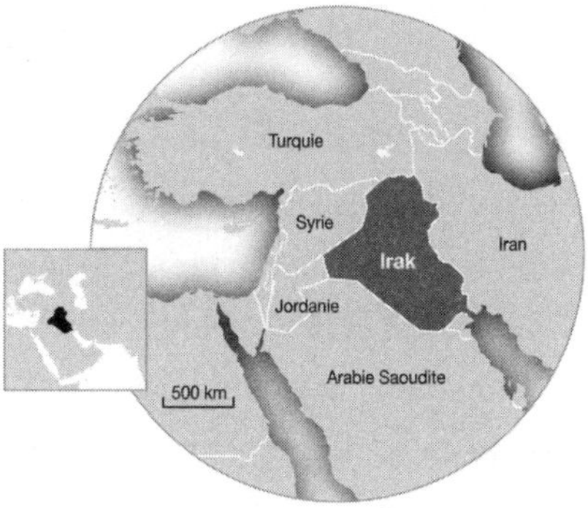

Chapitre 5
Proche-Orient : Irak

Irak

Superficie : 435 000 km²

Capitale : Bagdad

Population : 25 millions d'habitants, estimation en 2004. Comprenant 75 % d'Arabes, 20 % de Kurdes, les 5 % restants étant des Turcomans et des Assyriens. 97 % sont des musulmans dont 60 % de chiites et 40 % de sunnites. Les 3 % de chrétiens, catholiques et orthodoxes essentiellement, sont en diminution depuis l'arrivée des troupes américaines, en raison des attaques et des persécutions qui les poussent à émigrer. Le nord-est du pays est sous administration kurde autonome, et même quasi indépendante depuis le milieu des années 90. L'arabe et le kurde restent les deux langues officielles du pays.

Économie : Au nord comme au sud, la principale richesse du pays est le pétrole.

Histoire : Depuis le début de l'année 2005, l'Irak est dirigé par une assemblée constituante élue, à majorité chiite, et un gouvernement regroupant les Kurdes, les sunnites, qui ont boycotté les élections, et les chiites, qui les ont remportées avec près de 50 % des voix. Le régime de Saddam Hussein et de son parti Baas, essentiellement sunnite, s'est effondré en avril 2003 lors de l'arrivée à Bagdad des troupes américaines.

Le régime avait notamment à son passif : l'envahissement du Koweït en 1990, la répression féroce contre les Kurdes dont certains furent décimés par des gaz de combat, le massacre de dizaines de milliers de chiites, et une guerre longue et meurtrière, des deux côtés, contre l'Iran, de 1980 à 1988. La conquête du Koweït se termina en janvier 1991 par la guerre du Golfe, menée contre l'Irak au nom des Nations unies par les Américains aidés des Anglais, des Français, des Canadiens et de nombreux pays du Golfe. Une guerre meurtrière pour la population irakienne et pour l'environnement, avec l'incendie de centaines de puits de pétrole et plusieurs marées noires.

Le régime, devenu peu à peu dictatorial et sanguinaire, de Saddam Hussein, aidé par de nombreux pays occidentaux dont la France et les États-Unis, qui lui vendirent des armes, pour la guerre contre l'Iran, était en place depuis le milieu des années 70. D'abord laïc, le régime s'est peu à peu islamisé. L'ancien dictateur a été capturé au mois de décembre 2003 dans des conditions qui n'ont jamais été éclaircies. La vie des Irakiens, notamment dans le sud, est de plus en plus « gouvernée » par la charia, la loi musulmane stricte, même s'il est prévu dans le projet de constitution que l'islam ne constitue qu'« une des sources du droit ».

C'est sur le territoire actuel de l'Irak que se sont développées, il y a des milliers d'années, les civilisations de Sumer, de l'Assyrie et de Babylone. Ce territoire de la Mésopotamie a donné au monde, et recèle encore probablement, des trésors archéologiques extraordinaires. D'autres étaient conservés au musée de Bagdad qui a été en partie pillé après l'arrivée des troupes américaines.

D'un pouvoir à l'autre, nul ne se préoccupe en Irak de savoir où sont passés les déchets radioactifs du centre de stockage d'Al-Tuwaitha, à une vingtaine de kilomètres de Bagdad. Ces déchets furent emportés par la population, qui avait envahi un dépôt aux portes grandes ouvertes parce que l'armée irakienne, à l'approche des troupes américaines, avait déserté les lieux. Nul ne s'inquiète non plus que le pays, autrefois bien plus propre que de nombreuses nations en développement, s'ensevelisse lentement sous les sacs en plastique, les déchets industriels, le pétrole qui fuit ou les ordures qui ne sont plus guère ramassées. Quels qu'ils soient, les services publics n'ont pas constitué la préoccupation dominante des forces d'occupation, pas plus qu'ils n'intéressent les rebelles baassistes ou islamistes ou bien les responsables d'un pouvoir éternellement provisoire qui a pourtant nommé une ministre de l'Environnement dès la fin du mois de juin 2004 ; sans personnel et sans moyens. Nomination, parce que cela fait bien, parce que cela se fait…

Au sortir d'un dernier conflit, au cœur des affrontements internes, l'écologie et la protection de l'environnement ne relèvent en Irak que de rares initiatives individuelles ou parfois tribales, quand il n'y a pas plus urgent à entreprendre pour survivre. De toute façon, comme un malheur ne vient jamais seul, l'expansion du fondamentalisme chiite, phénomène observé ailleurs y compris en Algérie chez les islamistes, s'oppose à toute réflexion sur l'écologie, laquelle, pour des raisons qui échappent à l'auteur de ces lignes, serait contraire au Coran et à la volonté de Dieu. En Algérie, dans les années 90, durant les assauts islamistes, des journalistes spécialisés en écologie ont payé de leur vie le fait de ne pas avoir respecté cette interdiction d'interférer dans les problèmes de la nature et de l'environnement. Et cette incompatibilité a été soulignée par les taliban en Afghanistan. Surprenant, mais, après tout, les premiers théoriciens de la protection de la nature du XIXe siècle trouvèrent les églises chrétiennes sur leur chemin parce que leurs réflexions sur l'évolution des espèces remettaient la Bible en cause. Faute de moyens ou de motivation, et parce que le pétrole, la sécurité et la haine de l'occupant l'emportent, les Irakiens et ceux de leurs protecteurs qui entreprennent de restaurer leur environnement détruit par plus d'une vingtaine d'années de guerres et d'affrontements sont bien peu nombreux. Le téléphone portable aura été installé en Irak bien avant que les stations d'épuration d'eau soient réparées et que l'eau potable monte dans les étages des immeubles de Bagdad. Rares sont donc les bonnes nouvelles environnementales de l'après-guerre.

Un environnement détruit et négligé

Pourtant, entre les lits de l'Euphrate et du Tigre, au nord-ouest de Bassora, dans le sud de l'Irak, près de la frontière iranienne, dès le mois d'avril 2003, la guerre à peine terminée, les chefs de tribu du « peuple des marais » ont armé leurs hommes de pelles et de pioches, pour que les eaux emprisonnées dans de grands canaux réinvestissent les espaces souvent asséchés, espaces dont l'interminable alternance d'eau, d'îles, de lopins de terre et de mini-villages ont constitué l'univers des Arabes des marais pendant des siècles. Ces espaces lacustres, cet écosystème et ce mode de vie étaient remis en cause par les politiques d'irrigation prônées par les agences des Nations unies et par les « nécessités » de la guerre de l'Irak contre l'Iran dans les années 80. Au cœur de l'été 2004, j'ai mesuré le plaisir de ces hommes de voir « leur » eau revenir peu à peu. Le pire n'est jamais certain…

Les déchets dispersés et l'eau qui remonte après avoir été longtemps confisquée, deux prolongations parmi d'autres des trois guerres à épisodes qui ont affecté la région pendant une bonne vingtaine d'années : celle qui a mis aux prises l'Iran et l'Irak, celle du Golfe répliquant à l'envahissement du Koweït par l'armée de Saddam Hussein, et enfin celle menée contre l'Irak par les États-Unis et la Grande-Bretagne, et quelques pays supplétifs, les fameuses « forces de la coalition ». Ce qui s'est passé, ce qui se poursuit en Irak se révèle caricaturalement exemplaire de la diversité des maux endurés par une région touchée par un conflit : il y a les morts, trop de morts bien sûr, dans les années 80 puis en 1991 et ensuite depuis 2003. Mais aux tragédies des guerres et des affrontements s'ajoutent aussi, de façon plus ou moins visible, tous les dégâts collatéraux infligés à l'environnement des hommes, aux espèces sauvages et à la nature; dégâts étroitement mêlés, les atteintes à l'environnement augmentant la souffrance des populations et obérant leur avenir. Cependant, contrairement aux soubresauts religieux ou politiques, aux enlèvements, aux pénuries, aux incantations états-uniennes sur une internationale terroriste et aux attentats, les dégâts écologiques ou les cicatrices environnementales ont rarement fait la une des médias, comme s'il s'agissait d'une fatalité acceptée par tout le monde. Pourtant, plus que toute autre zone affectée par un conflit, probablement parce que les guerres y ont été exceptionnellement violentes et sophistiquées et la guérilla particulièrement brutale, l'Irak accumule les handicaps environnementaux ; et probablement pour longtemps, ce qui ne peut qu'entraîner, aussi, de nouvelles pertes en vie humaines. Reprenons dans l'ordre…

Radioactivité dispersée

Quand, en juillet 2003, l'organisation écologiste Greenpeace s'est installée pour quelques semaines en Irak pour dénoncer les dangers de la dispersion des déchets radioactifs et exiger que le « gouverneur » de l'époque, Paul Bremer, agisse efficacement, les forces, qui étaient alors seulement d'occupation, ont rapidement fait comprendre à cette association qu'elle n'était pas la bienvenue et qu'elle se mêlait d'une histoire qui ne la regardait pas. Une histoire terrible dans sa simplicité, terrible probablement pour des centaines, voire des milliers de personnes et illustrant parfaitement la logique de l'intervention décidée par le président américain. Pourtant, les Nations unies comme la Croix-Rouge internationale sont restées muettes sur cette affaire.

Quand les forces de la coalition ont atteint la région de Bagdad, les troupes irakiennes qui montaient la garde à l'extérieur et à l'intérieur du centre nucléaire d'Al-Tuwaitha se sont évanouies dans la nature. Disparition qui faisait sans doute partie de l'étrange marché, jamais vraiment élucidé, passé par quelques généraux irakiens avec les troupes américaines investissant la capitale, et notamment par le général chargé de la sécurité des complexes militaro-industriels. « Portes ouvertes » à Al-Tuwaitha qui fut l'enceinte où, en 1981, les Israéliens détruisirent en un seul bombardement le petit réacteur Osirak vendu aux Irakiens par la France. Pourtant, quelques jours avant la fin de la guerre, les visiteurs, y compris militaires, devaient s'arrêter à un kilomètre du cœur de la base, sans être certains d'obtenir l'autorisation d'entrer, même pour un militaire de haut rang venant voir un membre de sa famille. Le général d'aviation Ali, un interprète avec lequel j'ai souvent travaillé, m'a raconté dans quelles conditions rocambolesques il devait accepter de rencontrer, à l'extérieur du centre, son frère en fonction à l'intérieur ; il se souvient aussi à quel point les lieux regorgeaient de déchets et de sources radioactives mal triées suscitant l'inquiétude permanente de ceux qui y travaillaient tous les jours, l'embargo ayant empêché le régime irakien de Saddam Hussein d'adopter toutes les mesures de contrôle et d'acheter les matériels qui auraient été nécessaires à une plus grande sécurité.

Mal gérés, les lieux étaient réputés plutôt dangereux dans des conditions normales. Pourtant, au moment de la débâcle, aucun responsable militaire ou civil américain ne s'est préoccupé de la brutale ouverture de cette base signalée sur toutes les cartes militaires et visitée des dizaines de fois par la mission de contrôle des inspecteurs des Nations unies, qui avaient signalé qu'elle devait être étroitement surveillée et surtout qu'elle devrait être mise sous contrôle immédiatement en cas d'invasion. Mais, soudain, la base soupçonnée d'abriter des « armes de destruction massive » n'existait plus, rayée des cartes et des précautions. Amnésie américaine surprenante, alors qu'à peine parvenues dans la région, les forces de la coalition prenaient immédiatement position, par exemple, devant le ministère du Pétrole, tandis que les combats se poursuivaient encore en ville. D'une heure à l'autre, le centre atomique a été laissé sans la moindre surveillance ; comme le grand musée de Bagdad qui fut lui aussi pillé dans des circonstances très troubles. Ce dépôt nucléaire où ne se poursuivait qu'un travail de surveillance et de tri des éléments les plus radioactifs s'est donc subitement retrouvé ouvert à tous vents. Il est resté ainsi pendant plus d'un mois, aucune force américaine ne venant en garder les entrées, ce qui le livrait à tous les pillages d'une population totalement déboussolée.

Radiations 10 000 fois supérieures à la norme

Comme dans le reste de la capitale et comme dans la majeure partie du pays, les Irakiens se sont donc précipités à l'intérieur de ce complexe industriel pour tenter de récupérer de la ferraille, des conteneurs, des fûts ou des outils. Pour s'équiper à moindres frais ou pour gagner un petit peu, bien peu, d'argent en revendant tout ce qui leur tombait sous la main, dans un monde d'où la plupart des salaires et des revenus avaient brusquement disparu. Du matériel contaminé mais aussi des ferrailles rassemblées ensuite dans les marchés banlieusards de la capitale par des intermédiaires les revendant aux Irakiens qui avaient accumulé des dollars sous Saddam Hussein ou bien organisant leur exportation par bateaux entiers. Il n'est pas impossible que les plus gros éléments de la ferraille démontée et des métaux non ferreux contaminés aient été expédiés à l'étranger, en Afrique, en Europe et aux États-Unis notamment, avec le reste, avec tous les risques que cela comporte.

De nombreux objets plus ou moins retapés ou détournés de leurs fonctions, et donc tripotés et retripotés, ont évidemment pris naturellement place dans les maisons, les appartements ou les cours des familles les plus pauvres. Butin très convoité : d'immenses fûts de métal utilisés ensuite près des logements pour récupérer ou stocker de l'eau alors que quelques jours plus tôt ils contenaient des déchets radioactifs. Ces déchets étaient parfois hâtivement déversés à même le centre nucléaire déserté et l'on peut encore en apercevoir sur le sol à travers la grille d'entrée à l'orée des tunnels de confinement. Bien plus grave, ces objets et bouts de n'importe quoi sortis des fûts, transportés dans des brouettes, des charrettes à âne et des camionnettes, ont été abandonnés dans les cours ou les jardins des récupérateurs et des familles. Et oubliés. Oubliés car, comme l'expliquait début juillet devant le quartier général américain un responsable de Greenpeace devant une bien petite poignée de journalistes, « la radioactivité, cela ne se voit pas, cela ne se sent pas, cela ne fait pas mal. Alors les Irakiens ne s'en soucient pas et quand nous leur expliquons le danger, quand nous tentons de leur récupérer les rares éléments radioactifs que nous avons pu localiser avec notre matériel de détection, ils pensent que nous voulons nous opposer au pillage, que nous voulons reprendre ce qu'ils estiment légitime d'avoir repris au régime de Saddam Hussein. Selon les termes de la convention de Genève, ce sont les occupants et leur représentant, Paul Bremer, qui devraient organiser une grande opération de récupération sous le contrôle de l'Agence internationale de l'énergie atomique ». Pour localiser de bien pauvres objets, dans la plupart des cas, mais qui ont le redoutable inconvénient, y compris pour certains outils d'apparence inoffensive, d'être plus ou moins radioactifs.

Pas étonnant dans ces conditions que Greenpeace, un peu par hasard durant le court séjour de son équipe, ait identifié une source radioactive 10 000 fois supérieure à la normale devant une école, là où passaient et jouaient tous les matins plusieurs centaines d'enfants. Chez quelques particuliers ont été retrouvés et récupérés des fûts contenant de l'eau fortement radioactive destinée aussi bien à la cuisine qu'aux ablutions. Les estimations les plus optimistes tablent sur une dispersion du matériel faiblement ou fortement radioactif dans un rayon d'une soixantaine de kilomètres, c'est-à-dire jusqu'à Bagdad et ses quartiers les plus pauvres. Pour les récupérer, ou au moins pour en retrouver une bonne moitié, il faudrait déployer dans la région, maison par maison, plusieurs centaines de spécialistes équipés d'appareils de détection. Personne ne s'en préoccupe et de toute façon, argument suprême entendu en 2003 à Bagdad au palais du Gouverneur, puis au début de 2004, cela coûterait trop cher. Résultat : dans un délai d'une dizaine d'années en moyenne, des adultes et des enfants vont développer les cancers liés à une exposition quotidienne à des sources plus ou moins dangereuses. Le nombre de ces cancers dépendra du hasard et de la durée de ces expositions et ce sont les Irakiens les plus jeunes qui en paieront le prix le plus élevé. Dans la chambre d'un jeune homme, un membre de Greenpeace a trouvé un manomètre en laiton : ce bel objet qui avait tant plu à ce jeune émettait à un mètre de son lit une radioactivité 3 500 fois supérieure à la normale. Il a fallu convaincre ce garçon de quinze ans auquel son père, croyant lui faire plaisir, avait rapporté ce bel objet qu'il avait soigneusement briqué, qu'il était dangereux et qu'il fallait qu'il s'en débarrasse.

Depuis la fin du mois de juin 2003, l'ancienne base est gardée par des militaires américains qui, j'ai pu m'en rendre compte en les interrogeant, sont à peine informés de la dangerosité des lieux devant lesquels ils passent une semaine avant d'être relevés. Mais il n'y a plus grand-chose à récupérer. Ou tout au moins il est permis de le supposer, puisqu'il est interdit de visiter. L'insécurité qui règne autour de la capitale est devenue un obstacle supplémentaire à la récupération des déchets radioactifs. D'ailleurs, plus personne n'en parle.

Des obus à l'uranium appauvri

L'uranium se retrouve aussi un peu partout dans le reste du pays puisque les forces américaines ont utilisé pendant leur offensive de 2003 et au cours des bombardements préparatoires des munitions à l'uranium appauvri, en des quantités qui n'ont pas encore été révélées. Elles s'ajoutent aux 290 tonnes de munitions de ce type qui ont été tirées en 1991 sur le territoire irakien par les Américains avec les bombardiers Thunderbolt A-10, les Harrier AV-8 des Marines et les chars Abrams. D'autres ont probablement été également utilisées pendant les bombardements « sélectifs » des années 90 et par la suite lors des attaques destinées à faire respecter le « périmètre d'exclusion » imposé aux forces armées irakiennes. Il a d'ailleurs fallu attendre le mois d'août 2001, c'est-à-dire dix ans, pour que l'Organisation mondiale de la santé accepte de mener une enquête sur les conséquences, pour les hommes, les animaux et l'environnement, de cette dispersion d'uranium appauvri, qu'il s'agisse des cancers, des malformations congénitales, des mesures d'imprégnation chez les personnes touchées et de la prévention. Mais, comme le dit un rapport des Nations unies qui a le sens de la litote : « En raison du contexte politique, il n'a pas été possible de mener à bien cette étude. » Autrement dit, les États-Unis se sont opposés à cette enquête qui devait commencer juste après les attentats du 11 septembre. Cependant, un rapport daté d'avril 2003 du Programme des Nations unies pour l'environnement, après avoir énuméré les effets possibles, a apporté quelques précisions peu rassurantes.

Les modes de contamination d'abord :

- l'inhalation de la poussière d'uranium appauvri au moment de l'impact entraîne un risque sérieux pour tous les gens qui ont survécu à l'explosion et à l'incendie qui a suivi ;
- contamination de faible niveau mais étendue du sol ;
- présence dans le sol de « pénétrateurs » à l'uranium appauvri dans des sols meubles qui sont susceptibles d'être ensuite touchés ou manipulés par des gens non protégés, ce qui entraîne des radiations bêta au niveau de la peau ;
- présence dans le sol de fragments de pénétrateurs qui peuvent être ramassés, manipulés et même conservés comme souvenir par des individus subissant donc en permanence des irradiations superficielles ;
- migration possible de l'uranium appauvri dans les eaux souterraines et donc les eaux potables par corrosion et dissolution des pénétrateurs ou de leurs fragments.

Puis le rapport ajoute :

« En Irak il y aura donc de nouvelles contaminations de surface autour des sites touchés par des munitions à l'uranium appauvri en mars et avril 2003. Les experts du PNUE s'attendent à un haut risque d'inhalation de la poussière d'uranium appauvri dans un rayon de 150 mètres autour des sites bombardés. Cette inhalation peut entraîner des risques pour la santé à la fois en raison des propriétés toxiques de l'uranium et de sa nature radioactive. Il est aussi important de souligner que les conditions environnementales de l'Irak sont très différentes de celles des Balkans et qu'il pourrait y avoir des différences importantes en ce qui concerne les taux de corrosion et le mode de migration de l'uranium appauvri. Par conséquent, il est essentiel que des investigations scientifiques indépendantes soient menées auprès des habitants, des personnels militaires présents ensuite sur les lieux touchés des semaines, des mois et des années après. » Deux ans et demi après la « libération » de l'Irak, aucune nouvelle enquête sérieuse n'était en cours. Sur ce sujet, contrairement à ce qui s'est passé au Kosovo et en Serbie, les enquêteurs du Programme des Nations unies pour l'environnement ne sont pas les bienvenus. Reconstruction, certes, mais seulement de l'appareil productif, avec priorité à tout ce qui touche le pétrole.

La pénurie d'eau perdure

Dans la plupart des grandes villes d'Irak, deux ans et demi après la guerre, l'approvisionnement en eau potable n'est pas assuré régulièrement et quand viennent les grandes chaleurs de l'été, c'est-à-dire quand le thermomètre atteint 48 °C à l'ombre à Bagdad et 54 °C, toujours à l'ombre, à Bassora, les Irakiens doivent se disputer le peu d'eau disponible. À tel point, trop souvent, qu'ils la prélèvent près de la capitale, dans les eaux du Tigre où se déversent, en amont de la ville, toutes les eaux usées de Bagdad. Parce que, contrairement aux stipulations de la convention de Genève, les stations d'épuration ont été bombardées et rendues inutilisables, sans que nul ne songe, j'ai pu le vérifier à nouveau en 2004 auprès d'un des directeurs des stations qui attend toujours une réponse des autorités, à faire de leur remise en état une priorité de la « reconstruction ». Alors, dans des immeubles à demi écroulés des bords du Tigre, des milliers de familles dont les maisons ont été détruites par la guerre font la cuisine avec les eaux polluées du Tigre. Ils la font bouillir quand ils ont un peu de gaz, mais des bébés, des enfants et des adultes meurent quand même à cause de cette eau putride dans laquelle tout le monde se baigne pendant les grandes chaleurs. J'ai vu des bébés et des adolescents au bord de la mort dans ces maisons des bords du fleuve, maisons récupérées qui appartenaient auparavant aux privilégiés du régime, notamment les officiers supérieurs de la Garde nationale.

Peu à peu, les produits chimiques dispersés par les bombardements migrent dans le sol et gagnent les nappes phréatiques, rendant de nombreux puits, les anciens comme les nouveaux, inutilisables ou, hélas, plus souvent, dangereux, car nul n'est en mesure de prévenir les familles que l'eau qu'ils tirent du sol n'est pas vraiment potable. C'est probablement dans ce secteur de l'eau que le pays a le plus souffert, à la fois pendant l'embargo prohibant l'importation des pièces de rechange et des produits nécessaires aux traitements et à la suite du dernier conflit. Aujourd'hui, rendre l'eau, toutes les eaux, potables est une tâche qui dépasse largement les capacités des rares organisations non gouvernementales qui ont encore le courage de rester dans le pays. Car, comme l'expliquait dans une banlieue déshéritée la responsable d'Action contre la faim en Irak, « il ne faut pas oublier que nous sommes ici dans un pays de 25 millions d'habitants qui fut moderne et où, au début des années 90, la moyenne de longévité était de 68 ans. Il nous est impossible, techniquement, humainement, financièrement de redonner aux Irakiens le minimum de confort et de sécurité alimentaire qu'ils avaient auparavant malgré le blocus du pays. Nous ne faisons que coller quelques rustines. Ce qu'il faudrait, c'est une politique globale, des investissements, des moyens pour remettre en marche un pays de 25 millions d'habitants ». Ces associations humanitaires ne peuvent pas plus résoudre la question de l'eau que celle des rares usines – la station de fourniture électrique, la raffinerie, par exemple – qui empoisonnent l'air respiré par les habitants de la capitale ou de Bassora dans le sud ; pas plus qu'elles ne peuvent intervenir pour réparer les conséquences environnementales des fuites de pétrole, qu'elles aient été dues aux bombardements, au vieillissement du matériel lié au blocus du pays et ensuite aux nombreux sabotages perpétrés depuis mai 2003. Le pétrole s'infiltre dans les sols en direction des nappes et des cours d'eau et il stérilise des espaces agricoles immenses parce que les armées privées qui gardent les champs pétrolifères et les oléoducs ne sont pas là pour empêcher les pollutions mais pour limiter le nombre des attentats.

Le pétrole du Koweït

S'agissant du pétrole, même si cet épisode très connu reste dans toutes les mémoires, il faut rappeler quelques éléments de la catastrophe de 1991. Lors de l'attaque des forces occidentales et de la retraite des armées irakiennes, 630 puits de pétrole koweïtiens ont été attaqués et se sont transformés en torches. Il n'est politiquement pas très correct de se demander qui, finalement, a vraiment mis le feu à ces forages et il n'est pas évident que les torts ne soient pas à partager entre les Irakiens et les bombardements occidentaux, dans des proportions que les documents classés « secret défense » révéleront sans doute un jour. Quoi qu'il en soit, les puits en question ont non seulement brûlé mais ils ont aussi déversé leur pétrole dans le désert. Au plus fort de cette crise, plus de 300 lacs d'or noir couvraient 50 km^2 du désert, la moitié de la surface de Paris : une quantité d'une douzaine de millions de mètres cubes. Une partie de ces produits a gagné peu à peu les nappes d'eau souterraine dont 30 % restent inutilisables. Le pétrole a également entraîné l'empoisonnement de la moitié de la faune du désert. Il reste encore du pétrole stagnant dans les parties les plus désertiques du Koweït.

Les bombardements américains et anglais, disent les uns, les sabotages irakiens, expliquent les autres, ont entraîné le déversement dans le golfe Persique d'un minimum d'un million et demi de tonne de pétrole, à partir des réservoirs côtiers et des bateaux stationnant vers les terminaux. Cette gigantesque marée noire, la plus grande du monde, a pollué plusieurs centaines de kilomètres de côtes. Au Koweït évidemment, mais aussi en Iran et en Arabie Saoudite. Il a fallu une dizaine d'années pour que les écosystèmes marins et littoraux se rétablissent en partie, mais en partie seulement : de nombreuses espèces de mammifères marins, les tortues par exemple, et de poissons ont définitivement disparu. Autre conséquence : la pêche à la crevette ne se pratique plus, car elles ne sont pas revenues dans le Golfe, ce qui a entraîné la reconversion forcée des pêcheurs qui vivaient fort bien de cette activité. Et le pétrole se trouve encore sur des dizaines de kilomètres de sable.

Cette marée noire, si largement médiatisée que l'on a cru pendant des semaines qu'elle était encore plus importante, a donné lieu à une guerre de communication intense : des sources jamais identifiées ont diffusé dans les premières heures, pour illustrer la catastrophe, une « émouvante » photo de cormoran englué dans du pétrole. Il n'a alors fallu que quelques heures aux ornithologistes pour expliquer que cet oiseau ne pouvait pas être dans le Golfe à cette époque et que la photo avait en fait été prise en Bretagne lors d'une autre marée noire. Cet incident montre simplement que les services de propagande des armées impliquées avaient compris qu'il existait désormais une « image environnementale » de la guerre à cultiver pour stigmatiser l'adversaire.

Comme il a fallu six mois et 10 milliards de dollars pour éteindre tous les incendies, les habitants de la région ont respiré pendant des mois un air chargé de particules cancérigènes, de dioxine et de dioxyde de soufre. On a constaté, évidemment, une augmentation importante des infections respiratoires, et à terme, des cancers dont l'occurrence anormale commençait à émerger en 2004. Les médecins koweïtiens estiment à 10 % l'augmentation du taux de mortalité lié, entre autres produits, à l'émission de 28 000 tonnes d'anhydride sulfureux par jour pendant plusieurs mois. Quant aux émissions de CO_2, sur la même période, elles ont été de 500 000 tonnes par jour, soit à peu près le double de la France. De nombreux oiseaux ont été victimes du nuage qui a stagné sur le pays. D'après les naturalistes koweïtiens, le nombre des espèces a été divisé par deux ; il n'existe aucun signe de retour de celles qui ont été éliminées et la plupart des migrateurs auraient définitivement changé de route.

Le désert entre le Koweït et l'Irak a évidemment beaucoup souffert des mouvements militaires. La végétation fragile a été labourée et en grande partie éliminée sur plus d'un millier de kilomètres carrés ; et les quelques surfaces qui avaient commencé à se réhabiliter ont été à nouveau labourées au printemps 2002 par le passage des armées de la coalition. La destruction par les blindés, les véhicules militaires, les tranchées antichars, les constructions de bunkers par les uns et les autres ont entraîné en 1991 la « remise en mouvement » de dunes et le triplement, avec les effets de l'érosion, des tempêtes de sable. Les quelques mammifères qui ont échappé à ce remue-ménage sont peu à peu éliminés par les millions de mini-bombes, larguées par les bombes à fragmentation, qui traînent encore dans ce désert plus désert que jamais.

Le jardin d'Éden ressuscité

À l'écart de ces dangers invisibles et mal identifiés faute d'enquêtes sérieuses, les Arabes des marais, non loin d'An-Nassyria et de Bassora, entre Tigre et Euphrate, s'efforcent de détourner et de récupérer les eaux des grands canaux d'irrigation qui longent et balafrent leur région, afin de reconstituer au moins une partie de l'immense marais de 40 000 hectares qui a été peu à peu grignoté par les besoins de l'agriculture et les exigences de la guerre, alors qu'il constituait le plus grand système marécageux du Moyen-Orient. Ces marais de Mésopotamie sont considérés par les chrétiens, notamment les chrétiens irakiens devenus une minorité de 800 000 personnes, comme étant le Jardin du Paradis de la Bible. Témoins d'une civilisation et d'un système de vie remontant à plusieurs milliers d'années, ces marais devenaient peu à peu un enfer, parfois un désert couvert de sel. Enfer pour les hommes et les écosystèmes. Commentaire d'un rapport du Programme des Nations unies pour l'environnement publié en mai 2003 : « Des travaux de drainage massifs dans le sud du pays à la fin des années 80 et au début des années 90, associés à la construction de nombreux barrages en amont ont dévasté ce marais, à tel point qu'il ne reste que des petits fragments de ce marais […] Le rôle de filtrage de cet ensemble a pratiquement disparu et les canaux de drainage recueillent des eaux polluées de l'irrigation directement vers le Golfe, avec tout ce que cela implique de conséquences néfastes pour les ressources locales en poisson […]

« Toute la communauté des Arabes des marais a souffert, socialement et économiquement, de cette destruction des marais, ce qui a forcé une quarantaine de milliers de personnes à fuir vers le sud-ouest de l'Iran. » Tandis que des dizaines de milliers d'Arabes des marais étaient déplacés vers d'autres régions de l'Irak. Évidemment, l'impact sur la biodiversité a été très important, touchant plusieurs mammifères aquatiques comme la loutre et plusieurs dizaines d'espèces d'oiseaux : les cormorans, les ibis, les pélicans... De nombreux migrateurs ont déserté la zone où ils avaient l'habitude de se poser ou de nidifier, faute de poissons ou de petits crustacés pour les nourrir. La pêche côtière s'était déjà effondrée avant d'être achevée par les marées noires de la guerre. La mer dans laquelle se jettent les deux fleuves s'est également chargée pendant des années de produits chimiques et fertilisants, le marais rétréci ne pouvant plus assurer son rôle de filtre. Dans les années 70, les ornithologistes avaient identifié 400 espèces d'oiseaux et sont aujourd'hui incapables de mesurer le nombre des disparitions. Autre effet pervers amenant une modification progressive de l'écosystème au sud : l'augmentation de la teneur en sel du Chatt al-Arab, le long estuaire commun du Tigre et de l'Euphrate, qui a entraîné, là aussi, la disparition de plusieurs espèces de poisson incapables de se reproduire dans des eaux trop salées. Enfin, comme les vents ne trouvent plus à se rafraîchir sur de grandes étendues d'eau, les scientifiques et les habitants constatent une augmentation progressive de la température estivale sur la région de Bassora, avec de nombreux effets sur la végétation, et sur les humains, évidemment.

Marais asséchés par la guerre et les technocrates

Ce que le rapport des Nations unies se garde bien de préciser, car la prudence diplomatique ne perd jamais ses droits, c'est que la situation tragique de cette région résulte d'abord des « conseils éclairés » donnés par les experts agricoles internationaux du temps ou l'Irak était encore considéré comme fréquentable. Les marais, pour les agronomes internationaux comme pour les responsables irakiens, étaient considérés comme « inutiles » et « improductifs ». Ensuite les marais ont également régressé, sans qu'il soit possible de mesurer l'importance de chaque cause, parce qu'ils gênaient le développement de la guerre entre l'Iran et l'Irak. De septembre 1980 à août 1988, cette région frontière marécageuse a été le théâtre d'affrontements d'une rare intensité entre les deux armées, d'autant plus que les marais s'étendent de chaque côté de la frontière. Cette guerre fut menée avec les encouragements et l'aide technique et financière des États-Unis qui souhaitaient « punir » l'Iran des imams. Avec l'aide de la France aussi, qui vendait les armes et formait les pilotes irakiens de Mirage à Royan et à Istres, pilotes qui depuis 2003 ont servi d'interprètes[1] aux journalistes francophones. Comme les Arabes des marais ont plutôt des tendances irrédentistes, comme cette zone marécageuse, notamment à l'est de Al-Amarah, permettait à des combattants de se dissimuler facilement, comme la région devait être absolument sécurisée, le régime de Saddam Hussein avait organisé une accélération du drainage qui facilitait les affrontements les plus sauvages de ce conflit. De plus, cet aménagement, conduit à marche forcée, permettait à ses éléments motorisés de passer plus facilement sur les nouvelles digues longeant les canaux. De l'autre côté de la frontière, les Iraniens se livraient aux mêmes transformations de l'écosystème pour mieux attaquer ou mieux se défendre.

Quinze millions de palmiers rasés

Dans cette région, des photos montrent également que près du Chatt al-Arab et vers la frontière iranienne, les forêts de palmiers qui auraient pu abriter les combattants ennemis ont été systématiquement brûlées entre 1982 et 1988. Les estimations faites par satellite permettent de situer le nombre des arbres détruits entre 15 et 16 millions, le reste étant ravagé par des maladies. La destruction de la plus grande étendue au monde de

1. Comme Hussein Hanoun, le guide-interprète de Florence Aubenas, la journaliste de *Libération*.

palmiers-dattiers a donc commencé pour les besoins de la guerre et a été achevée par l'augmentation de la salinité liée à l'assèchement. Deux causes pour une seule catastrophe. D'autre part, dans cette forêt en voie de disparition comme dans toute la zone frontière du marais, les scientifiques craignent, sans avoir encore pu les mesurer, les effets nocifs et cumulés de la guerre chimique menée par les Irakiens pour contrer l'avance des troupes iraniennes entre 1983 et 1986. Le gaz sarin et le gaz moutarde – qui a une rémanence de deux ans au moins – ont été abondamment utilisés dans cette région. Une seule certitude à ce jour, les populations d'oiseaux et de mammifères, tout comme les combattants (parfois des deux camps…), ont été décimés par les agents chimiques dispersés lors des bombardements. La guerre entre l'Irak et l'Iran a donc été un facteur d'accélération de la destruction de l'écosystème qui avait été initiée dans les années 40 pour des raisons de productivisme agricole ; les estimations de ce qui restait en 2002 varient de 4 000 à 7 000 hectares, alors que le marais en couvrait encore 40 000 au début des années 70, comme le montrent les cartes satellite. Un écosystème dont l'âge, dans sa forme organisée et habitée, date d'au moins sept mille cinq cents ans. Dans la fraîcheur des immenses maisons de palmiers et de bambous tressés, les hommes de la tribu des Al-Niwashi m'ont raconté leur espoir de reconstituer ce qui a été détruit peu à peu, par la politique agricole inspirée par l'Occident puis par cette guerre contre l'Iran : la région, entre îles et eau, offrait trop de cachettes, trop de possibilités d'embuscade alors que dans cette zone frontalière, d'un côté ou de l'autre selon les fortunes de la guerre, s'affrontaient les troupes iraniennes et irakiennes avec un bilan, sur cette frontière et ailleurs, de 600 000 Iraniens et de 400 000 Irakiens tués. Saddam Hussein, pour mieux contrôler la région et les hommes libres – des chiites – qui la peuplaient encore, accéléra les travaux de drainage et d'endigage. La surface des terres inondées recula, terres où les hommes pêchaient, terres humides où s'arrêtaient les migrateurs, terres où les Arabes des marais vivaient. Mais la remise en eau, dont le coût est estimé à 150 millions de dollars, ne réglera pas tout. Car les premières analyses effectuées montrent que la rémanence des produits toxiques issus des gaz de combat et les fortes remontées de sel peuvent compromettre le retour des poissons et des oiseaux, le rétablissement complet des écosystèmes antérieurs et fragiliser les cultures, notamment celle du riz.

Un écosystème unique

Le résultat de la politique agricole et des « nécessités » de la guerre est donc clair : la quasi-disparition d'un écosystème unique et d'une civilisation continuant de se développer à l'écart du pays ; mais, lorsqu'il m'a raconté le passage de son pays en quelques dizaines d'années, d'un royaume de l'eau à un semi-désert, le cheik Hassin El-Mansour, entouré de son frère et des responsables d'une tribu qui regroupe 4 000 personnes près de Al-Nassyria, a insisté pour que je visionne un film surprenant. Il ne correspond ni à l'histoire officielle colportée en Occident ni à toutes les accusations des États-Unis, des Nations unies et autres agences internationales : ce documentaire de cinquante-deux minutes a été tourné en 1993 par une équipe de la télévision irakienne qui l'a ensuite diffusé à plusieurs reprises ; un film étrange, remarquablement monté, exprimant en mots, images et musique la glorification lyrique des hommes des marais et de la qualité de l'écosystème naturel et agricole où ils survivent désormais. Au moment où le marais disparaissait. Comprenne qui pourra…
Comme nous l'avons fait sur quelques canaux, à partir de l'image d'une barque symbolique parcourant en tous sens ce qui reste des zones inondées, ce film raconte l'histoire du marais, de la pêche, de l'agriculture que femmes et hommes y pratiquaient. Avec les couleurs et la musique d'un paradis. Sur l'image on pouvait voir le père du cheik qui m'a reçu, avec son fils qui habite toujours dans le village et qui avait, lors de mon passage, un peu plus de dix-huit ans. C'est avec ce fils déjà amoureux de ce qu'il appelle « son marais » et avec son frère que le vieil homme nous a emmenés le long des canaux pour montrer comment les hommes de sa tribu ont ouvert avec

leurs mains et quelques outils les digues édifiées par les bulldozers. Tous les jours, depuis la fin du mois d'avril 2003, ils mesurent la très lente, trop lente montée des eaux autour des villages. Ils repiquent déjà un peu de riz, ils ont recommencé à pêcher avec leurs filets, mais il faudra plusieurs années pour que les poissons grossissent au point d'être pêchables au trident comme le cheik le fait dans le film, qui n'a pourtant que dix ans. Dans les canaux traînent quelques buffles qui pourront bientôt se multiplier dans les espaces réinondés. Des cachettes, les fusils sont ressortis : « Bientôt nous pourrons à nouveau chasser les oiseaux migrateurs par milliers, les grandes oies notamment et aussi toutes sortes de canards sauvages. »
À quelques kilomètres, un autre chef de tribu, Hyder Sayed Aldachi, plus jeune, rentrant après des années d'exil en Iran et en Arabie Saoudite, a fait reconstruire en quinze jours un immense « palais de roseaux » où lui aussi donne une fête pour célébrer son retour au son des rafales de kalachnikov. Saddam Hussein avait fait brûler l'ancienne maison commune pour punir le hameau de la fuite de son responsable à l'étranger.
Dans l'autre grande maison de roseaux du vieux chef, où nous avons participé à un deuxième repas de fête pour célébrer la renaissance du marais, trônent plusieurs portraits de Saddam Hussein que personne ici ne veut critiquer ; certaines des photographies, les plus petites, montrent le cheik et le chef de l'État ensemble. Menacé, réduit par la guerre, célébré par un régime qui accentua sa disparition, le marais du paradis perdu est en train de renaître grâce à une autre guerre à laquelle les Arabes du marais se sentent finalement étrangers. Alors que, comme les autres, elle a modelé le destin de leur région qui retrouvera peut-être une vie harmonieuse grâce au gouvernement japonais, qui a promis onze millions d'euros au Programme des Nations unies pour l'environnement pour la restauration du marais, l'introduction de l'énergie solaire et le rétablissement des habitats accueillants pour les oiseaux migrateurs.
Début 2005, les photos satellite en font foi, plus de 3 500 km^2 du marais avaient déjà été remis en eau, ce qui représente une reconquête de 30 % des

surfaces asséchées, sans l'argent et sans l'aide des « pays de la coalition », pour lesquels les questions d'environnement restent accessoires. Ce sont les Nations unies qui ont finalement débloqué les quelques crédits qui permettent aux Arabes des marais d'espérer retrouver les douceurs et les rythmes du jardin d'Éden. Un « paradis » où il est interdit par décret de Paul Bremer, l'ancien gouverneur américain, d'échanger et de vendre des graines sur les marchés au moment où commencent à se distribuer, notamment dans le sud de l'Irak, des semences OGM. Vive la biodiversité : le nouveau pouvoir n'a pas rapporté cette décision !

Pour le reste, pour la réhabilitation de l'environnement en Irak, il faudra encore attendre puisque le Congrès des États-Unis a fait remarquer à la Maison-Blanche, à la fin de 2004, que seulement 5 % des sommes théoriquement prévues pour la reconstruction avait été utilisés. Et la société Halliburton, qui a la haute main sur cette reconstruction, écarte résolument ce qui concerne l'environnement : pas rentable. De plus, l'insécurité interdit aux ingénieurs, aux techniciens étrangers et aux organisations non gouvernementales d'intervenir et de travailler sur le terrain pour évaluer les dégâts et préparer les réhabilitations, tout comme elle interdit désormais aux journalistes d'aller chercher la moindre information et de mesurer l'étendue des dégâts écologiques qui sont de plus en plus graves et, surtout, définitifs.

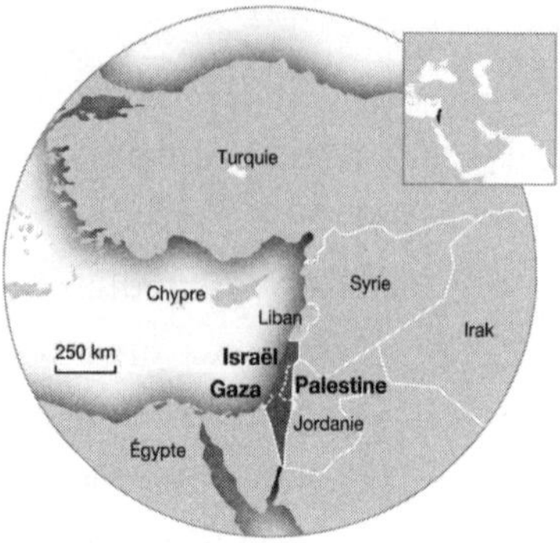

CHAPITRE 6

Proche-Orient : Israël et Autorité palestinienne

Israël

Superficie : 21 000 km² (sans les territoires occupés et sans le Golan)

Capitale reconnue internationalement : Tel-Aviv

Capitale pour les Israéliens : Jérusalem

Population : 6,4 millions d'habitants. Chiffre incluant les Israéliens des colonies en Cisjordanie et à Gaza ainsi que les Arabes et les Druzes israéliens, sauf ceux qui vivent dans Jérusalem-Est.

Israël fut créé en 1947 par le plan de partage voté par les Nations unies, entre un État juif et un État palestinien (des territoires de la Palestine étant placés sous mandat britannique depuis 1922 après la disparition de l'Empire ottoman), ceci en application de la déclaration Balfour de 1917 sur l'établissement d'un « foyer juif » au Proche-Orient. Ce plan sera rejeté par les pays arabes, ceci entraînant une première guerre. L'État d'Israël sera officiellement fondé en 1948 avec comme premier président David Ben Gourion. Une majorité des Palestiniens se réfugient alors dans les pays voisins. Les deux langues officielles sont l'hébreu et l'arabe.

Autorité palestinienne

Superficie : 378 km² pour Gaza (entre 3 et 4 fois la surface de Paris) et 5 879 km² (dont Jérusalem-Est) pour la Cisjordanie dont les statuts diffèrent d'une zone à l'autre (il y a en trois).

Capitale : Jérusalem-Est (pour les Palestiniens)

Population : 1,4 million d'habitants pour Gaza et 2,4 millions pour la Cisjordanie (auxquels s'ajoutent 450 000 colons israéliens).

Créée en 1993 par les accords d'Oslo entre les Israéliens et les Palestiniens, année qui voit les Palestiniens reconnaître le « droit à l'existence d'Israël » et les Israéliens reconnaître l'OLP (Organisation de libération de la Palestine) comme « représentant du peuple palestinien ». Ce premier accord sera formalisé en 1995 par l'accord dit d'Oslo II. Les territoires destinés, selon les accords, à constituer à terme un État palestinien sont la bande de Gaza, qui fut sous administration militaire égyptienne, et la Cisjordanie. Cette dernière avait été annexée par la Jordanie en 1950 et restituée à l'autorité de l'Organisation de libération de la Palestine (OLP) en 1988. Ces deux territoires sont respectivement l'un contrôlé, et l'autre occupé par Israël depuis la guerre des Six Jours en 1967. Ils n'ont retrouvé qu'une autonomie relative et partielle sous le mandat de Yasser Arafat. Expulsés en 1948 et plus tard, ou ayant volontairement choisi de partir, 4 millions de Palestiniens vivent dans les pays limitrophes (Jordanie, Liban, Syrie, Égypte, etc.) et dans les pays du Golfe.

Depuis 1947, les Arabes et les Palestiniens, d'une part, et les Israéliens, d'autre part, se sont affrontés militairement en 1948, 1956, 1967 et 1973, sans oublier les deux intifadas mettant aux prises Israéliens et Palestiniens dans les territoires occupés.

Depuis la fin du XXᵉ siècle, circuler dans les territoires occupés et dans la bande de Gaza, mais aussi à travers Israël et aux abords de Jérusalem, au-delà de ce que l'on peut ressentir pour la souffrance des hommes, des femmes et des enfants, qu'ils soient Palestiniens ou Israéliens, donne parfois l'impression de slalomer entre l'enfer, le purgatoire et le paradis. Plus qu'ailleurs, bien qu'ayant fréquenté de nombreuses zones plus ou moins arides à la pluviosité aléatoire, j'ai été impressionné par l'importance de l'eau. Son absence ou sa présence se lisent d'un mètre à l'autre dans les paysages, les cultures, les potagers, les jardins ou les cours intérieures des maisons. Sur les rives escarpées du Jourdain, côté jordanien ou côté israélien et palestinien, le moindre murmure d'eau se traduit par un jaillissement de verdure et de fleurs. La Palestine-Israël ou, si l'on préfère, l'Israël-Palestine, offre toujours deux visages, ce qui rend encore plus tragique la situation environnementale d'un ensemble dont l'exiguïté s'oublie fréquemment.

Autre impression, justement : l'extraordinaire difficulté à circuler dans un espace qui ne couvre en fin de compte que 27 260 km^2, moins que la surface de la Belgique; circulation difficile et complexe en raison des barrages et interdictions diverses alors que ce territoire exigu se couvre, plus qu'il n'est raisonnable, de multiples routes de contournement, d'accès à des colonies ou d'accès militaires qui consomment chaque année un espace naturel et agricole déjà limité; évidemment, ces difficultés de circulation et ce gaspillage d'espace sont largement plus importants dans les territoires occupés et à Gaza. Impression aussi, même l'hiver, de circuler au pays de la poussière, à travers un immense champ de détritus et d'épaves abandonnées au hasard. Ils paraissent brûler depuis des années. Avec en outre des champs d'épandage nauséabonds, des ruisseaux aux eaux douteuses alternant avec des arbres couchés ou brisés. Impression encore plus tragique dans la bande de Gaza, un pays qui « bénéficie » de l'une des densités démographiques les plus élevées du monde, avec 3 600 habitants au kilomètre carré ; encore plus si l'on tient compte de la place occupée par les implantations de colons israéliens récemment évacués. Heureusement, dans ces territoires en ruine que les oiseaux migrateurs commencent à éviter, j'ai traversé, même à Gaza, de petits paradis qui, d'une certaine façon, rappellent ce que furent autrefois ces territoires, avant que l'environnement et la nature soient perturbés par la surpopulation, le sous-développement et les affrontements armés.

Les Nations unies inquiètes

Dans l'introduction d'un rapport sur les territoires occupés publié en 2003, le directeur du Programme des Nations unies pour l'environnement écrivait : « La dégradation de l'environnement aggravera lentement et sûrement l'avenir d'une population qui fait déjà quotidiennement l'expérience d'une vie difficile. Cette étude n'offre pas seulement des recommandations claires sur la façon dont les problèmes pourraient être résolus [...] ce rapport identifie les questions environnementales critiques qui, en dépit des difficultés politiques, doivent être réglées le plus rapidement possible si l'on veut préserver les ressources naturelles et rétablir un environnement sain pour les générations futures. »

Les rapporteurs remarquent aussi, avant de dresser un tableau environnemental assez sinistre des espaces qui constitueront un jour un État indépendant, qu'« il existe des problèmes environnementaux directement liés au conflit israélo-palestinien mais aussi une détérioration environnementale liée à des causes anciennes ». Avant de noter, ce qu'ont fait d'autres observateurs, notamment ceux de l'organisation Paix en Palestine, qu'avant le début de la deuxième intifada, Palestiniens et Israéliens se sont mis d'accord, dans une déclaration, pour laisser le Joint Water Committee et les infrastructures d'approvisionnement en eau « en dehors de la violence et des actions militaires ». Ce Comité paritaire de l'eau, exception remarquable dans le chaos politique qui a précédé la disparition du président Yasser Arafat, n'a jamais cessé de fonctionner, alors que le comité commun des experts de l'environnement a cessé de se réunir en septembre 2000. Malgré sa constance, le Comité de l'eau n'a hélas pas réussi à maintenir les approvisionnements en eau et les installations d'assainissement en dehors des affrontements, probablement parce qu'au-delà de la bonne volonté des membres de cette organisation d'experts l'eau reste un enjeu vital et trop stratégique : depuis la loi militaire du 7 juin 1967, toutes les ressources en eau appartiennent à Israël et les deux compagnies de distribution d'eau israéliennes travaillent sous le contrôle étroit de l'armée.

Au-delà des évolutions politiques qui étaient perceptibles dans les premiers mois de 2005 après la rencontre du nouveau président palestinien et du Premier ministre israélien, c'est en fin de compte sur les questions d'eau que le dialogue se poursuit discrètement entre les deux communautés. Le 31 janvier 2005, les deux parties réunies au sein du JWC ont publié une déclaration commune où ils demandent de « ne pas mêler les infrastructures hydrologiques au cycle de la violence ». Le document a été signé par Noah Kinarty, représentant de la partie israélienne, et par Nabil El-Sherif, représentant la partie palestinienne. Ils ont rappelé que les conduites d'eau sont vitales pour les Palestiniens et les Israéliens, que tout dommage aux systèmes hydrologiques et équipements de traitement des eaux usées a des effets néfastes pour les Palestiniens comme pour les Israéliens. La déclaration indique qu'un effort particulier doit être fourni par les deux parties pour assurer la distribution d'eau aux villes, localités et villages palestiniens et israéliens en Cisjordanie et dans la bande de Gaza. Les deux parties déclarent que « pour couronner de succès cet effort, nous avons besoin de la coopération et du soutien des deux populations, israélienne et palestinienne. Nous demandons à l'opinion publique de ne porter aucun préjudice aux infrastructures hydrologiques, et ce y compris les canalisations d'eau, les stations de pompage, le matériel lourd, les systèmes électriques et toute autre infrastructure apparentée ». Les deux parties ont appelé ceux qui sont touchés par la crise actuelle à ne porter atteinte en aucun cas aux équipes professionnelles qui entretiennent ou réparent les dégâts et les défaillances des infrastructures hydrologiques et des équipements de traitement des eaux usées. L'appel n'a guère eu d'écho, pas plus qu'il n'a eu les honneurs des presses palestinienne et israélienne.

La sourde bataille de l'eau ne sera pas réglée avant des années, probablement bien après les premiers accords politiques.

Le château d'eau du Golan

À l'époque des fusées et des missiles, la volonté d'Israël de continuer à occuper, depuis la guerre des Six Jours en 1967, les hauteurs du Golan en territoire syrien à l'est du lac de Tibériade n'a d'ailleurs pas ou plus grand-chose à voir avec une stratégie militaire de protection ou de dissuasion. Il s'agit tout simplement d'assurer le contrôle d'un véritable « château d'eau » de 1 150 km^2, qui fournit chaque année à peu près 400 millions de mètres cubes selon Israël, 500 millions selon l'ONU, dont l'essentiel est (serait) canalisé vers le désert du Néguev : environ 70 % des eaux qui affluent vers le lac étant pompés vers Israël. Cette occupation du Golan, transformée en annexion depuis 1981, a aussi pour conséquence d'écarter la frontière syrienne des rives du lac et donc de l'eau. Cette réserve est vitale pour la région et, directement ou indirectement, les Israéliens, les Palestiniens et les Jordaniens y puisent.

Derrière de nombreux affrontements entre les pays arabes et Israël et entre les Palestiniens et Israël se profile donc une « guerre de l'eau ». Des micro-guerres, froides ou chaudes, importantes ou ignorées, pour la maîtrise d'un approvisionnement qui conditionne le développement de l'agriculture, et donc toute la vie dans cette région. Illustration du caractère sensible de cette question : les accords d'Oslo n'avaient absolument pas réussi à trancher la question de la répartition de l'eau en temps de paix, alors qu'après le Liban, quatre pays, Israël, Jordanie, Syrie et Territoires palestiniens, dépendent du bassin du Jourdain. Le fleuve, ou rivière on ne sait pas trop, coule vers le sud, la Syrie, la Jordanie, Israël et la Palestine après être né au Liban à 2 800 mètres d'altitude. Mais même si le Jourdain se jette dans une mer et répond donc à la définition d'un fleuve, ses dimensions modestes, surprenantes d'ailleurs quand on le découvre pour la première fois, en font plutôt une rivière. De plus en plus polluée.

Le Jourdain, ou ce qu'il en reste, se « perd », 339 kilomètres après son parcours d'une vingtaine de kilomètres dans les montagnes libanaises, dans la mer Morte, qui baisse actuellement de 80 à 100 cm par an. Le partage des eaux du Jourdain, comme de celles de ses affluents, sert de toile de fond, de prétextes, de raisons bonnes ou mauvaises, d'explication à de nombreux affrontements, notamment en ce qui concerne la colonisation dans les territoires occupés. Alors que l'article 12 des accords d'Oslo de 1995 précisait que les problèmes d'eau, comme les questions de bruit, d'assainissement, de protection de la faune et de la flore, tout comme celui des espèces migratrices, devaient être réglés en dehors des discussions et des affrontements politiques. Un point vite oublié par les deux parties, malgré la bonne volonté et les inquiétudes des spécialistes de l'environnement des deux pays. Ce n'est pas prendre parti pour les uns ou les autres que de remarquer que ces affrontements (pas seulement pour l'eau) seraient probablement moins âpres et les positions des uns et des autres moins irréductibles si cette région disposait d'eau en quantités importantes, et si, surtout, les pluies n'étaient pas aussi irrégulières alors que la disponibilité de l'eau conditionne l'agriculture. Importance aussi perceptible en Israël et en Jordanie que dans les territoires de l'Autorité palestinienne : 400 mm par an dans le nord de Gaza, 200 mm dans le sud, une moyenne de 650 mm en Cisjordanie mais avec des saisons très marquées : quatre mois d'un été très sec et très chaud et un court hiver avec pluie, parfois de la neige, de novembre à mars… les bonnes années.

La parano sur l'eau, de part et d'autre, est telle que les Israéliens accusent régulièrement les Palestiniens d'empoisonner ou de colmater des sources et que l'Autorité palestinienne accuse parfois Israël d'avoir maintenu pendant des années une occupation du Sud-Liban pour mettre en place un détournement souterrain du fleuve côtier Litani, qui prend sa source dans la plaine (libanaise) de la Bekaa et change brusquement de direction vers l'ouest et la mer à quelques kilomètres de la frontière nord d'Israël ; ou encore de pomper clandestinement de l'eau un peu partout. Tout est possible, surtout le pire. Guerres de l'eau suffisamment intenses et vitales pour les deux populations pour que circulent, des deux côtés, les plus extravagantes rumeurs.

Il ne faut pas oublier qu'à la fin du XIXe siècle les premières cartes imaginant l'État d'Israël incluaient l'intégralité des cours du Jourdain et de ses affluents et une part de celui du Litani au Liban. L'existence des deux États, israélien et palestinien, n'a jamais été déconnectée de la douloureuse question de la répartition d'une eau que les modifications climatiques ne peuvent que rendre plus rare et donc plus coûteuse en vies humaines. Il est vrai aussi que le droit musulman en vigueur au siècle dernier avant la domination anglaise et qui s'appliquait sans problème aux Juifs vivant déjà dans la région présumait que l'eau était libre d'accès pour tous et qu'elle ne pouvait pas être vendue.

Eau inégalement répartie

Quatre éléments (au moins) soulignent cette particularité qui pèse sur la qualité environnementale de la Palestine et de la Jordanie. D'abord, entre le lac de Tibériade et la Cisjordanie, la frontière israélo-jordanienne, contrairement aux usages internationaux, ne passe pas au milieu de la rivière mais sur sa rive orientale, en Jordanie. Ensuite, illustration d'une grande inégalité environnementale, un Israélien consomme 380 à 390 m^3 d'eau par an contre 110 pour un Palestinien de Gaza et 160 pour un Palestinien de Cisjordanie. D'après les experts de l'ONU, à Gaza, les colons juifs utilisaient quatre fois plus d'eau par personne que les Palestiniens vivant près d'eux. Les experts ajoutent que, sur ce point de la consommation d'eau comme sur les autres questions environnementales, dans la bande de Gaza et en Cisjordanie, ils se sont toujours vu refuser l'accès aux colonies ; et que d'après les accords d'Oslo une colonie israélienne ne peut utiliser que de l'eau provenant d'Israël. D'autres chiffres montrent la montée et la diversité des besoins et utilisations : en 1990, un Palestinien consommait 25 m^3 par an et un Israélien, 170. La disparité s'est réduite, mais elle existe toujours.

Disparité qui en cache une autre : 35 à 38 % de l'eau utilisée en Cisjordanie l'est par les colons israéliens, qui représentent seulement 6 % de la population de cette région. Enfin, 65 % de l'eau consommée sur le territoire d'Israël provient de zones extérieures aux frontières de 1948 définies par les Nations unies, dont 22 % du Golan et 35 % de Cisjordanie. Sans oublier qu'une partie importante de l'eau qui tombe sur la Cisjordanie alimente une grande nappe phréatique qui se trouve sous la plaine côtière israélienne. L'eau est encore plus difficile à séparer que les hommes.

Lors de la guerre qui a opposé les Arabes et les Israéliens, après la fondation du nouvel État, entre mai 1948 et janvier 1949, Israël a gagné – définitivement – une superficie d'environ 2 000 km^2, là où il y avait de l'eau à pomper et à canaliser. Tous ces chiffres restent indicatifs, bien sûr, mais les ordres de grandeur sont exacts ; l'approximation est de règle car toutes les informations qui concernent le débit des rivières, les quantités prélevées, le débit de nappes ou des barrages installés par les uns et les autres, les emplacements des conduites, les quantités consommées, sont considérées par les uns et les autres comme des arguments politiques et surtout comme des informations relevant du « secret militaire ». Grossièrement mais sans vraiment caricaturer, ceux qui sont en amont d'un cours d'eau, d'une source ou d'un barrage majorent systématiquement les quantités disponibles et ceux qui se trouvent en aval les minorent. Un seul exemple : selon les pays, le débit annuel du Jourdain est estimé à 1 100 millions de mètres cubes ou à 1 400 millions.

Cette distorsion ou interprétation des faits est largement préalable à la création d'Israël et remonte aux années 1870, lorsque les premières discussions sur, selon l'expression de l'époque, l'« établissement d'un foyer juif » dans la région ont commencé. Dès le début et jusqu'à l'indépendance reconnue de l'État d'Israël, la plupart des discussions et négociations ont porté sur les ressources en eau et sur les barrages possibles ou acceptables par les uns et les autres. Cela pour le Jourdain, pour ses affluents, pour le lac d'Ouleh et pour le lac de Tibériade. Le Jourdain traverse ces deux lacs :

le premier, peu profond, est un marais en passe de s'assécher, alors que le second couvre une surface de 167 km^2 pour une profondeur moyenne d'une quarantaine de mètres. Comme toutes les autres sources d'approvisionnement en eau de l'espace palestino-israélo-jordanien, le lac de Tibériade est menacé par une augmentation progressive de la salinisation qui pourrait, dans quelques dizaines d'années, poser de graves problèmes pour les activités agricoles vitales des pays approvisionnés, dont les populations augmentent régulièrement sous l'effet de la natalité mais aussi en raison de la politique d'immigration d'Israël, qui ne comptait qu'un million de Juifs en 1948. Un jour, parce que les affrontements incessants ont entraîné une gestion irrationnelle et désordonnée de l'eau et de nombreux gaspillages, il faudra peut-être désaliniser l'eau douce fournie par les nappes et les rivières. La guerre qui s'éternise sera responsable de cette aberration coûteuse en énergie.

À cette guerre de l'eau portant sur les grands ensembles et les grandes masses, s'ajoutent évidemment les conséquences au quotidien des affrontements de l'intifada et des répliques de l'armée israélienne. Des puits sont détruits ou bouchés, les réseaux de distribution endommagés ou interrompus, les réservoirs percés par les tirs des uns et des autres, alors que le stockage aérien de l'eau de pluie représente un apport non négligeable pour les Palestiniens, qu'il s'agisse de l'eau au quotidien ou de l'irrigation des jardins. À Gaza, où la nappe souterraine baisse régulièrement, les réservoirs pluviaux placés sur les maisons, ceux qui sont les plus vulnérables aux tirs, procurent entre 6 et 7 millions de mètres cubes par an. Il suffit d'une balle, amie ou ennemie, pour vider un réservoir. Dans une moindre mesure parce que chaque implantation, à Gaza ou en Cisjordanie, possède un ou plusieurs forages, les colons souffrent également de ces gaspillages ou ruptures d'approvisionnement. La situation est d'autant plus difficile pour les Palestiniens que tout nouveau forage suppose, sous le contrôle de l'administration militaire, une autorisation longue et difficile à obtenir ; pourtant, par destruction ou à cause du mur coupant progressivement les propriétés en deux, les Palestiniens ont perdu une dizaine de puits par mois jusqu'en 2005. Cela explique sans doute qu'en 2005 près de deux cents villages cisjordaniens n'étaient pas reliés à un réseau de distribution d'eau courante.

À Gaza, 95 % des foyers possèdent une installation d'eau courante mais le robinet reste souvent sec, la nappe ne pouvant faire face à la demande, les installations de pompage et de distribution ayant été fréquemment victimes des combats et des bombardements. Cela rend souvent problématique l'approvisionnement régulier des habitants, surtout avec des camions-citernes de secours astreints à de longs détours ou à des attentes interminables aux barrages de l'armée israélienne, ce qui n'améliore pas la qualité de l'eau transportée.

Eaux polluées

Dans la bande de Gaza, ce n'est pas seulement la question de la pénurie qui se pose en raison des affrontements mais aussi celui de la qualité, la source quasiment unique de l'approvisionnement se trouvant sous ce territoire et recevant des pollutions multiples en raison d'une (sur) population mal maîtrisée et maltraitée ; avec des effets néfastes sur la santé des habitants. La nappe est victime des conséquences de l'accroissement démographique et du sous-équipement. La surexploitation de cette ressource de Gaza entraîne, comme ailleurs dans la région mais plus rapidement, l'accroissement de sa salinisation qui la rendra un jour impropre à la boisson et aux usages agricoles. S'y ajoute, toujours faute d'entretien, de surveillance, de régulation dans le désordre des affrontements, une dégradation de la qualité. Parce que les produits de traitement agricoles, à commencer par ceux des colons – les produits sont souvent trop chers pour les Palestiniens –, les nitrates, les sulfates, les métaux lourds, pénètrent également dans le sol et atteignent la nappe. Probablement parce qu'ils sont utilisés clandestinement, les analyses font même apparaître du DDT (interdit en Europe depuis trente ans !) et du Lindane dans les eaux que boivent les habitants. Avec, pour faire bon poids, des teneurs en nitrates partout supérieures aux 50 mg considérés comme la limite de potabilité par l'Organisation mondiale de la santé.

Les trois stations d'épuration de Gaza ne fonctionnent pratiquement plus, faute de pièces de rechange ou parce qu'elles ont été touchées par des tirs israéliens ; 60 % des habitants sont reliés au réseau d'égouts mais comme il n'existe pas de station de traitement dans les quatre grands camps de réfugiés de la bande de Gaza, 70 à 80 % des eaux usées s'en vont donc sans traitement dans les champs, dans les puits ou à la mer. Des photos satellite prises en 2004 montrent clairement, et ce n'est qu'un exemple, que près d'une station d'épuration à l'agonie entre Beit Lahia et Beit Hanien, au nord de Gaza, un lac de 40 hectares d'eaux usées s'est formé. Ces eaux se répandent et s'écoulent dans les cultures, et une quinzaine de puits ont dû être fermés. Quant à la station de traitement de Gaza, d'autres images montrent qu'elle a été touchée par des obus et des tirs de blindés.

Eaux non traitées

L'écoulement dans les nappes phréatiques et dans les rues des eaux domestiques non traitées ainsi que les ruptures de conduits d'égouts en raison des combats ou des destructions représentent également en Cisjordanie une menace environnementale qui s'est accentuée au cours de la seconde intifada. Quand une ou plusieurs maisons sont détruites, dans un village et surtout à l'intérieur d'une ville, par l'armée israélienne en représailles à des attaques palestiniennes, il est clair que les explosions ou destructions au bulldozer entraînent des ruptures de continuité dans les systèmes d'écoulement des égouts. Au printemps 2002, la station d'épuration de Jénine a subi des dégâts importants ; à Naplouse, l'eau non traitée est utilisée pour irriguer légumes et vergers, tout comme à Ramallah et à Jéricho. Et à Bethléem, la plupart des petites installations industrielles rejettent leurs eaux usées dans les oueds qui coulent vers la mer Morte. Circonstances aggravantes : un certain nombre de colonies israéliennes rejettent leurs eaux usées dans les espaces agricoles ou dans les banlieues des agglomérations (palestiniennes) auprès desquelles elles sont implantées. Parfois, comme dans la colonie d'Etzion au sud-est de la Cisjordanie, l'explosion démographique d'une colonie entraîne le dépassement des capacités de traitement de la petite station d'origine, ce qui provoque, plusieurs fois par an, une évacuation massive des effluents non traités stockés dans les zones agricoles palestiniennes. De quoi rendre une partie des récoltes impropres à la consommation, affaiblir des arbres ou des vignes et rendre insalubres des zones d'habitation et de jardinage. Le cas est assez fréquent, pour des fruits et légumes consommés aussi bien par les Palestiniens que par les Israéliens.

Les actions militaires, combats ou représailles, provoquent également des fuites d'eau et des gaspillages par rupture des circuits de distribution alors que, sous les décombres, les robinets d'arrêt restent hors d'atteinte. Dans le chaos de l'intifada, en 2004, il était hors de question de réparer quoi que soit en raison de la pénurie de pièces de rechange et de la complication des cheminements routiers.

Ordures dispersées

La limitation de la circulation a également entravé, jusqu'au début de 2005, l'évacuation des déchets solides qui ont souvent dû être entreposés un peu n'importe où, loin des centres d'enfouissement... et près des habitations. Ce fut le cas en 2004 à Naplouse où les autorités municipales ont dû entasser des ordures en zone résidentielle dans un site n'offrant aucune garantie, et cela sans le moindre contrôle environnemental. Situation identique, bien que plus complexe encore, dans la ville d'Hébron où les décharges sont hors d'atteinte et les collectes d'ordures, au minimum, perturbées. En effet, la mise en place d'un couvre-feu et d'itinéraires de contournement, tout comme les risques d'être pris comme cible par les colons ou l'armée, a provoqué la réduction, et sur certaines périodes la suppression, des tournées de ramassage. Souvent, au cours des opérations militaires, les petits et grands conteneurs destinés aux ordures sont écrasés par les blindés et les bulldozers. Il faudra des années, le calme souhaitable revenu, pour remettre en marche les rares usines d'incinération et résorber les dépôts de déchets, qui pour l'instant brûlent quasiment en permanence en libérant dans l'air de la dioxine qui imprègne les linges qui sèchent et contamine à la fois le lait et la viande des animaux ainsi que les fruits et légumes des jardins. L'impression décourageante, pathétique souvent, que ce qui fut un espace rurbain et rural plutôt bien organisé a perdu tous ses repères environnementaux et s'enfonce dans les ordures.

Atmosphère polluée

Les « bouclages » des villes et des villages – la situation de Ramallah est au-delà de toute description environnementale –, tout comme la mise en place progressive du mur séparant la Cisjordanie d'Israël, ont également pour conséquence l'allongement des parcours automobiles. Or, les véhicules, voitures et camions, ne sont pas de la première jeunesse et leur réglage ou leur entretien laisse sérieusement à désirer. Avec les embouteillages qui durent des heures aux points de contrôle, ces cheminements de contournement entraînent une augmentation considérable de la pollution de l'air, pollution qui frappe indistinctement Palestiniens et Israéliens, qui se voit et se sent dès dix ou onze heures chaque matin. Elle est particulièrement agressive, en Israël, en Cisjordanie et à Gaza au cœur de l'été. Certaines nuits, elle ne se dissipe même pas.

Autre pollution dangereuse : celle qui provient des toitures de nombreuses maisons et bâtiments palestiniens quand elles sont touchées ou détruites par des engins, des missiles ou des obus. Tout simplement parce que, notamment à Rafah et dans le sud de Gaza, la plupart de ces toits sont en amiante. Et que leurs explosions dispersent dans l'atmosphère de la poussière chargée en amiante balayée par les vents et qui n'épargne personne.

Arbres déracinés

L'un des aspects les plus connus des atteintes à l'environnement dont souffrent la Cisjordanie et les zones frontières de Gaza, parce que, avec la destruction des maisons par l'armée, il illustre souvent les reportages télévisés, c'est l'arrachage des vergers. Au cours de la première intifada, pour agrandir les zones de sécurité et de protection, les forces israéliennes, de source palestinienne, ont abattu des centaines de milliers d'arbres fruitiers dont une proportion importante d'oliviers. D'après les Nations unies, pour ce qui concerne la seconde intifada en Cisjordanie, chiffres confirmés par la Banque mondiale, entre 2000 et 2003, 155 000 oliviers, 150 000 citronniers, 54 200 amandiers, 12 500 palmiers-dattiers, 18 000 bananiers et 49 000 arbres fruitiers divers ont été détruits, plus 39 200 pieds de vigne arrachés. Conséquence de l'intensification des violences de part et d'autre, et donc d'une réponse plus forte des militaires israéliens, des sources indépendantes concordantes situent le chiffre des arrachages d'arbres fruitiers dans une fourchette de 1,5 à 2 millions au cours de la seconde intifada. Ce chiffre inclut les arbres abattus pour la mise en place progressive du mur. Ces abattages représentent évidemment un manque à gagner, parfois la fin d'une exploitation et le chômage, dans une région qui compte plus de 200 moulins à huile, pour les agriculteurs qui en sont victimes. Du point de vue de l'environnement, les effets sont souvent doubles : dans l'immédiat la destruction ou l'interruption de systèmes d'irrigation complexes, ensuite, érosion éolienne et pluviale des sols dénudés, lesquels deviennent assez rapidement inutilisables, difficiles à remettre en culture. La comparaison des images satellite prises au printemps 1987 et en mars 2001 montre à la fois, pour Gaza et la Cisjordanie, la progression des zones bâties, celle des implantations de colons israéliens et surtout l'accroissement de la surface des zones « faiblement végétalisées », donc vouées à devenir ou à redevenir des zones semi-désertiques.

Cette déstructuration des milieux naturels entraîne évidemment un appauvrissement rapide de la biodiversité de cet ensemble Palestine-Israël qui était, puisqu'il faut en parler au passé, l'une des plus riches du Proche-Orient. Les naturalistes, il y a une vingtaine d'années, ont recensé 530 espèces d'oiseaux, entre les nicheurs et les nombreux migrateurs, chiffre largement supérieur au nombre d'espèces fréquentant le territoire métropolitain français. Pour les mammifères, 116 espèces, le chiffre était quasiment le même qu'en France. Les spécialistes palestiniens et israéliens sont d'accord pour constater la diminution rapide des passages de cigognes et d'une façon plus générale du passage des oiseaux, de nombreux limicoles et des rapaces, qui empruntent (ou empruntaient) depuis des millénaires ce corridor accueillant entre mer et désert pour gagner l'Égypte et le Soudan où ils ne sont guère mieux accueillis. Le nombre des espèces serait descendu largement au-dessous de 500 pour les oiseaux et serait inférieur à une centaine pour les mammifères (environ 80). La loutre, le loup, le chat des sables, le chat sauvage, la gazelle des montagnes et la chèvre nubienne sont les espèces les plus menacées, certaines étant au bord de l'extinction. La mise en place du grand mur séparant la Cisjordanie et Israël est une atteinte supplémentaire à la survie (liée aux échanges) de la faune et de la flore et constitue probablement l'obstacle le plus parfait imaginé par les hommes contre la biodiversité. Et contre eux-mêmes.

Biodiversité dévastée

Les 19 réserves naturelles créées par Israël sur le territoire cisjordanien ne réussissent pas à enrayer ces chutes de population exceptionnelles, pas plus qu'elles ne peuvent arrêter la décroissance de la biodiversité du point de vue de la flore. Mais il est vrai aussi que certaines de ces réserves, de par leur situation et étant donné qu'elles constituent des zones interdites, paraissent plus avoir été créées pour des raisons militaires que pour des raisons écologiques, notamment celles qui s'étendent à l'ouest des territoires occupés, vers le Jourdain et au-dessus de la mer Morte. Pour leur part, les Palestiniens ont délimité trois réserves naturelles auxquelles les affrontements ont ôté depuis des années tous moyens, financiers et humains, de réelle protection. C'est notamment le cas de la réserve de Wadi Gaza, régulièrement traitée avec de l'essence pour éliminer les moustiques et recevant chaque jour des milliers de mètres cubes d'eaux usées en provenance des camps de réfugiés. Le Wadi Gaza, qui ressemble par endroits à un véritable égout, fut autrefois une zone naturelle riche en flore et en faune, accueillant des millions d'oiseaux migrateurs deux fois par an. Ils sont de moins en moins nombreux, ce qui, d'après les spécialistes, risque de bientôt se faire sentir dans l'évolution des oiseaux migrateurs en France et en Europe centrale. La chute de la biodiversité faunistique de la bande de Gaza est également à rapprocher d'une autre réalité : sur cette plaine côtière comme sur la partie haute, qui culmine à 90 mètres, la végétation d'origine relevée par les naturalistes anglais dans les années 40 a pratiquement disparu…

« La biodiversité, dit un rapport des Nations unies, est menacée par toute une série de pressions de plus en plus aggravées par le conflit en cours. Pendant les affrontements, les intérêts politiques et les ressources financières sont détournés de tout ce qui est développement durable dans la gestion des ressources naturelles et la protection de la nature. Les conflits représentent une difficulté pour ceux qui, des deux côtés, ont besoin de travailler ensemble et d'échanger des informations pour réussir à protéger la nature. »

Cette difficulté à communiquer entre scientifiques, à se téléphoner, à échanger des informations et encore plus à se rencontrer sur le terrain représente une souffrance et un handicap extraordinaires. Cette difficulté affecte également tous ceux qui cherchent désespérément à améliorer l'environnement ou à freiner sa dégradation. Dans les livres, les documents et sur les routes de Gaza et de Cisjordanie, à l'ombre du mur qui sépare de plus en plus efficacement les deux « pays », la situation paraît souvent désespérée. Une situation au sein de laquelle, du point de vue de l'environnement et évidemment d'autres points de vue, les Israéliens et les Palestiniens sont également perdants. Peut-être définitivement…

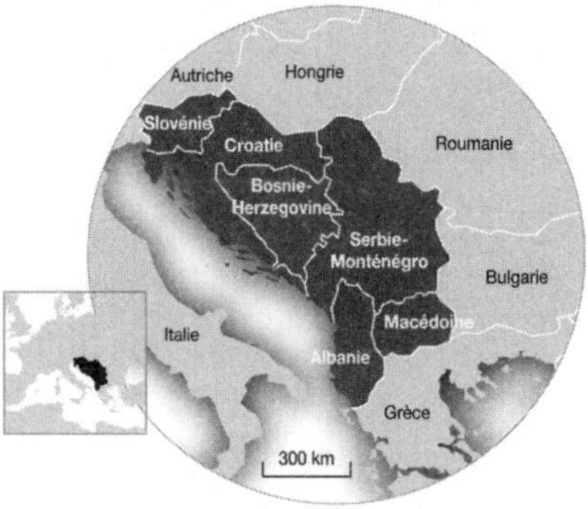

Chapitre 7

Les Balkans : Bosnie-Herzégovine, Slovénie, Croatie, Serbie-Monténégro, Monténégro, Kosovo, Macédoine, Albanie

Bosnie-Herzégovine

Superficie : 51 129 km^2

Capitale : Sarajevo

Population : 4,5 millions d'habitants dont des Bosniaques (largement majoritaires), essentiellement de culture ou de religion musulmane, des Serbes orthodoxes et des Croates catholiques.

Histoire : Le nom officiel de ce pays est Fédération croato-musulmane. Elle rassemble tant bien que mal, sous la tutelle du Haut Représentant des Nations unies, une république serbe de Bosnie-Herzégovine coupée en deux et une fédération croato-bosniaque. Un coprésident représente chacune des trois parties constituant ce « pays » créé par les accords de Dayton en décembre 1995. Depuis, dans chacune des parties, les élections ont maintenu les partis les plus farouchement nationalistes au pouvoir et ceux qui se sont illustrés pendant les guerres.

Slovénie

Superficie : 20 250 km^2

Capitale : Ljubljana

Population : 1, 9 million d'habitants

Histoire : Ce petit pays de l'ex-Yougoslavie a été relativement épargné par la guerre des Balkans car sa population homogène comportait peu de Serbes. La Slovénie fait partie de l'Union européenne depuis mai 2004 mais, curieusement, seuls 28,5 % des électeurs slovènes ont participé aux élections européennes.

Croatie

Superficie : 56 538 km² pour le pays le plus géographiquement bizarre d'Europe tant sa forme est un défi au bon sens puisque sa partie sud s'étend, sur une bande de plus en plus étroite, de la Slovénie au Monténégro.

Capitale : Zagreb

Population : 4,5 millions d'habitants majoritairement catholiques.

Serbie-Monténégro

Superficie : 102 000 km² avec le Kosovo et la province de Voïvodie regroupant une minorité hongroise.

Capitale : Belgrade

Population : 10 millions d'habitants, en majorité orthodoxes, avec le Monténégro.

Monténégro

Superficie : 14 000 km²

Capitale : Podgorica

Population : 650 000 habitants

Histoire : Cette « province », malgré son autonomie et ses velléités d'indépendance, fait toujours officiellement partie de la Serbie bien qu'ayant adopté (après le deutsche Mark) l'euro comme monnaie officielle, le dinar serbe n'étant plus en usage.

Kosovo

Superficie : 10 887 km^2

Capitale : Pristina

Population : 1,8 million d'habitants dont 90 % de Kosovars albanophones (musulmans), 7 % de Serbes (orthodoxes) et des minorités tziganes et turques.

Histoire : Officiellement, le Kosovo, administré sous la protection d'une force internationale d'une vingtaine de milliers de militaires et sous le contrôle de l'Otan et des Nations unies, fait toujours partie de la Serbie. Mais comme au Monténégro, après le deutsche Mark, sa monnaie courante est l'euro, le dinar serbe n'étant plus en usage.

Macédoine

Superficie : 25 713 km^2

Capitale : Skopje

Population : 2 millions d'habitants dont environ 70 % de slaves orthodoxes et 30 % d'albanophones musulmans qui se sont affrontés à plusieurs reprises.

Albanie

Superficie : 28 748 km^2

Capitale : Tirana

Population : 3,2 millions d'habitants en majorité musulmans mais avec une importante minorité catholique ou orthodoxe et parfois d'origine grecque dans le sud du pays.

Les guerres qui ont suivi (ou provoqué, selon les analyses) au début des années 90 l'éclatement, puis l'explosion de la république fédérale de Yougoslavie, créée en 1918, sont encore suffisamment présentes dans les mémoires pour qu'il ne soit pas nécessaire d'évoquer dans le détail les retournements et les prolongements des affrontements qui, successivement ou en même temps, ont opposé les Serbes aux Croates, les Croates aux Bosniaques, les Serbes aux Bosniaques, les Serbes aux Kosovars, puis les « Albanais » aux Macédoniens. D'autant que, pour avoir suivi tous ces affrontements sur place, dans un environnement et une nature chaque jour plus bouleversés, je ne peux absoudre aucune des « tribus » ex-yougoslaves de cette tragédie. Cent fois, d'un barrage à un autre, donc d'une « nationalité » à une autre, on m'a raconté les mêmes histoires de viols, de terres volées, de destructions de fermes et de récoltes, de vols de bétail, de détournement de rivières ou de sources, d'empoisonnement de puits, de noces ou d'enterrement se terminant en batailles rangées. Seule changeait, à quelques kilomètres de distance, la nationalité des coupables. C'est depuis cette guerre « yougoslave » que je ne supporte plus les nationalistes dont, partout, les combats détruisent toujours férocement et systématiquement la nature et l'environnement, alors qu'ils sont supposés défendre un passé, une culture, un patrimoine et un pays.

Tout commença en Slovénie avec une « révolution d'opérette » en juin-juillet 1991. Ce petit pays de deux millions d'habitants (qui fait désormais partie de l'Union européenne) déclara alors une indépendance brièvement contestée par l'armée fédérale yougoslave au prix de quelques dizaines de morts, les premiers d'une recomposition de la région qui n'est pas encore terminée. Les combats entre des peuples « voisins d'État » devenus ennemis irréductibles devinrent sauvages, meurtriers, au nom du nationalisme. Et au prix, cette fois, de centaines de milliers de morts et de centaines de milliers de réfugiés ou de déplacés dont les mouvements et les installations ont pesé comme partout sur l'environnement et les ressources naturelles. Puis vint une (seconde) guerre aérienne pour libérer le Kosovo en 1999, guerre qui jeta des centaines de milliers de réfugiés vers la Macédoine et surtout l'Albanie. Comme un acte presque final à une histoire qui dure pourtant encore, puisque les Kosovars ne sont plus ni Serbes ni vraiment Kosovars et craignent les Macédoniens, que les Serbes n'aiment pas les Bosniaques qui n'aiment pas les Croates qui le leur rendent bien à tous et que les Albanais, les albanophones de Macédoine et les Kosovars qui parlent la même langue se détestent ; histoire loin d'être terminée puisque les traces des bombardements, les traces des combats, les traces des mouvements de population, les traces des destructions ne sont pas effacées, et que l'environnement et la nature cicatrisent à peine. Tandis que l'Albanie, secouée par sa folle révolution intérieure de février et mars 1997, voit depuis cette éruption son environnement se dégrader au point de mériter la médaille du pays le plus pollué d'Europe.

Les conflits, encore sous-jacents ou brûlants, des feux mal éteints en quelque sorte, ont tellement marqué la région que, sauf dans une Slovénie exemplaire, aucun de ces pays n'a la volonté ni les moyens de se préoccuper de la protection de la nature et de l'environnement. Et les organisations internationales qui exercent plus ou moins directement leur tutelle sur ces derniers confettis d'un empire ne s'en préoccupent pas non plus alors que le territoire de l'ex-Fédération de Yougoslavie a été, et reste parfois, l'un des plus riches écosystèmes européens.

Pendant le siège de Sarajevo, qui fit 10 000 victimes, dont un millier d'enfants, les Bosniaques, risquant leur vie sous les tirs des Serbes, ont progressivement coupé tous les arbres entourant la ville. Et je me souviens d'avoir vu les uns et les autres brûler volontairement les bosquets qu'ils ne pouvaient pas atteindre, pour en priver les soldats et les familles « d'en face ». La trace de ces incendies marque toujours les pentes des monts qui surplombent Sarajevo. D'autres, c'est-à-dire tous les autres, entre 1992 et 1995, ont incendié de grands pans d'espaces boisés pour débusquer ou gêner les ennemis, voire pour leur faire peur. Cela se traduisit parfois par de gigantesques feux de forêts. À Sarajevo, à Mostar, à Pale, sur les pentes du mont Igman où passa longtemps la seule voie d'accès à Sarajevo face aux canons serbes embusqués, cela se voit encore : dix ans ne suffisent pas à cicatriser ce genre de blessure. Dans les champs, qu'ils soient serbes, bosniaques ou croates, les mines interdisent la remise en agriculture de nombreux espaces désormais en friche. Dans ces campagnes, les sangliers restent les plus efficaces des démineurs involontaires. Cela n'a pas nui pas à leur prolifération ni à un accroissement de la faune sauvage qui a finalement assez longtemps profité de l'état de guerre intérieure, avant que la paix de l'après-guerre n'induise, comme c'est souvent le cas, de nouvelles menaces sur le milieu naturel, dont la préservation n'est la priorité de personne.

Les forêts ont toutes et partout souffert des guerres balkaniques. Elles ont fréquemment été rasées pour les besoins des combats ou transformées en bois de chauffe et de cuisson. Elles ne représentent guère plus aujourd'hui qu'environ 30 % de la surface du pays contre plus de 50 % au début des années 90, juste avant les affrontements. Il s'agit de la plus forte saignée forestière depuis la Seconde Guerre mondiale en Europe, car aux destructions des conflits s'ajoute depuis quelques années, comme en Afrique, la déforestation illégale que les bien faibles autorités bosniaque, croate ou serbe ne songent même pas à arrêter. L'après-guerre désorganisé est aussi redoutable pour le milieu forestier que les combats, sous les effets d'une exploitation qui n'obéit, hélas, à aucune logique d'écologie ou de bonne gestion. Un simple pillage incontrôlé. À la fin de 2004, une journaliste bosniaque, Ilda Zomic écrivait : « Les éclaircies autour de Kiseljak ne sont qu'un des nombreux exemples de déforestation en Bosnie, déforestation qui conduit à une crise écologique encore à venir. Pour l'écologiste Nijaz Abadzic, cette exploitation incontrôlée des ressources naturelles bosniaques peut causer plusieurs désastres. Comme, par exemple, le glissement massif de terrain qui a recouvert une partie de l'autoroute près de Kiseljak ; ou bien celui qui a dévié le cours de la rivière Bosna [...] L'exploitation illégale des bois est la principale cause de l'érosion des sols, même si les grands incendies et la guerre tiennent aussi leur part, lorsque les arbres étaient abattus pour des besoins militaires, pour le chauffage et pour l'exploitation illégale. »

De la guerre au pillage des arbres

Ce sont le plus souvent des pillards, serbes, croates ou bosniaques armés, anciens soldats, anciens chefs de bande, qui organisent l'exploitation actuelle, alors que 80 % du territoire bosniaque boisé appartient au gouvernement. Exploitation forcenée avec l'accord, souvent rémunéré, des responsables de canton, qui ont pratiquement tout pouvoir pour « gérer » l'exploitation des ressources naturelles. Les exploitants, parfaitement connus et roulant en 4x4 aux vitres fumées, disposent de leurs milices armées, face à quelques gardes forestiers sans armes et sans moyens de communication. Ils sont face à un État à trois têtes qui ne dispose d'aucun pouvoir réel sur ce qui se passe en dehors de la capitale : pour chacune des nationalités en présence, ce sont « les autres » qui coupent illégalement les arbres. Chaque peuple, au mieux tolère et au pire organise l'exploitation sauvage, laissant s'installer et fonctionner d'immenses scieries dont la production est vendue bon marché aux pays de l'Europe occidentale qui font semblant d'ignorer l'origine de ces bois peu chers. Les espaces boisés subissent, dans les mêmes conditions illégales et antiécologiques, des exploitations aussi destructrices en Croatie et en Serbie.
D'après les écologistes bosniaques, dans la région de Pale, la capitale des Serbes de Bosnie, 240 à 250 exploitations forestières fonctionneraient en permanence. Les Serbes, eux, préfèrent dénoncer régulièrement les coupes illégales de la région de Sarajevo, et ces pillages se poursuivent face à un Haut Représentant international pour qui l'écologie, la protection de la nature ou la préservation de l'environnement n'ont rigoureusement aucune importance. Il est là, comme ses prédécesseurs, pour organiser une démocratie qui n'est qu'une farce profitant à tous les partis nationalistes, pas pour préserver l'environnement. Aux grands pillages s'ajoutent les grappillages permanents d'une population qui n'a souvent hélas rien d'autre pour se chauffer au cours des hivers rigoureux, dans un pays où le chômage atteint 40 % des personnes en âge de travailler. Dans certaines zones, les déboisements brutaux succédant à ceux de la guerre privent des villages ou des villes de leur

approvisionnement en eau pendant l'été, rien ne retenant plus les précipitations, qui provoquent d'énormes inondations parce que toutes les eaux pluviales partent vers les rivières en entraînant ce qui reste de terre. Un plan officiel de reboisement prévoyait la plantation de 2 millions d'arbres par an, en moyenne.
Avec des fonds européens. En moyenne toujours, depuis l'année 2000, 500 000 arbres ont été officiellement remis en place. Bientôt, certaines pentes se retrouveront dans un tel état d'érosion qu'aucun reboisement n'y sera plus possible faute de terre, la roche y est à nu. Difficulté supplémentaire : 20 % de la surface des forêts sont encore minés et dangereux. Une réalité souvent mise à profit par les pillards d'arbres : pour écarter les rares policiers ou gardes forestiers qui pourraient les gêner, ils installent de fausses signalisations de champs de mines près des espaces qu'ils veulent exploiter tranquillement, certains ainsi de travailler en paix. Lorsque éclatent des incendies, volontaires ou accidentels, comme ce fut notamment et dramatiquement le cas l'année de la canicule, les pompiers ne peuvent pas intervenir efficacement pour contenir les feux, de peur de sauter sur les mines que les belligérants ont la plupart du temps disséminées sans relever le moindre plan. Quand ils l'ont fait, ces relevés ont été détruits au moment de la fin des combats, comme une ultime vengeance des uns envers les autres. Ce minage aléatoire pèse aussi sur les activités agricoles dont l'existence, surtout en zone de montagne, participait à la préservation de nombreux écosystèmes remarquables, notamment pour ce qui concerne la flore.

Menaces sur la biodiversité

Une catastrophe de plus pour une région (les mots pays ou nations semblent encore largement prématurés) qui représente ou a représenté un des plus beaux et des plus riches écosystèmes d'Europe : 400 espèces de plantes endémiques et près de 200 espèces de petits ou grands mammifères contre à peine 120 en France. Biodiversité également menacée par les sociétés de production électrique d'État aux mains de personnages issus de la guerre, et aussi incontrôlées que les forestiers sauvages : elles préparent de nouveaux barrages, toujours avec l'argent européen, qui inonderont et détruiront des zones précieuses, alors que les barrages existants ne fonctionnent qu'à 20 ou 30 % de leurs capacités. Toute tentative de protestation, contre le pillage des arbres, contre l'ouverture sauvage de carrières, contre les projets de barrages, provoque de la part des seigneurs de guerre reconvertis en businessmen des campagnes de presse contre ce qu'ils appellent « la mafia des écologistes » et les « croisades chrétiennes financées par les réactionnaires de l'Europe de l'Ouest ». Un argument qui a du poids en ce pays musulman parfois encore tenté par un islamisme militant; et qui, grâce à des aides étrangères, comme au Kosovo, a consacré depuis quelques années plus d'argent à la construction de nouvelles mosquées qu'à la protection de l'environnement.

Quand par hasard, essentiellement autour de Sarajevo, des « pilleurs de bois » organisés se font prendre, des pressions, physiques ou financières, sont exercées sur les quelques gardes forestiers courageux pour qu'ils modifient leurs témoignages. Méthode efficace puisque les quelques jugements prononcés ont été des amendes de 200 à 1 000 euros, des sommes qui n'ont aucune commune mesure avec les profits réalisés.

Dans les montagnes, il reste hélas de moins en moins d'habitants traditionnels pour protester et résister car les zones escarpées ont trop été utilisées par les combattants, pour s'y réfugier, pour lancer des attaques ou pour installer des canons. Parce qu'ils se trouvaient au mauvais endroit au mauvais moment, beaucoup d'agriculteurs de montagnes et d'éleveurs ont dû partir, quand on ne les a pas forcés à s'en aller, à aller grossir les foules de chômeurs des villes. Un après-guerre laissé aux seuls soins des combattants produit partout les mêmes effets. Les terres sont restées en friche et les éleveurs ont rarement pu reconstituer leurs troupeaux pour entretenir la montagne, surtout quand la disparition des forêts les a privés d'eau. De toute façon, comme la reconstruction du pays et la reconstitution du tissu social et des villages obéit essentiellement à des normes néolibérales de rentabilité immédiate, le sort de la nature et de l'agriculture traditionnelle, celle qui pourrait à la fois entretenir les écosystèmes et attirer des écotouristes, n'intéresse pas les financiers qui organisent les investissements en Bosnie.

Ces quelques exemples rappellent que la tragédie environnementale n'a pas pris fin avec l'arrêt des tirs. Aucune loi sur la protection de la nature et de l'environnement n'a été améliorée ou adoptée. Les « héritiers » de la guerre s'entendent avec les sociétés occidentales pour maintenir des conditions légales permettant tous les pillages des ressources naturelles. Pourtant, les scientifiques estiment qu'étant donné la valeur écologique du pays, entre 10 et 15 % du territoire bosniaque devrait être placé sous protection. Mais, les anciennes réserves ayant presque toutes disparu, personne ne veut de cette protection post-conflit qui, pour l'instant, concerne – et bien théoriquement – moins de 0,5 % du territoire. À tel point que certaines espèces d'arbres comme le pin noir munika, une espèce endémique, est sur le point de disparaître, alors qu'il est officiellement protégé. Une grande compagnie d'exportation, la Sipad Wood, a construit en 2004, de façon tout à fait illégale, une route au cœur des monts Prenj, non loin de Mostar, pour aller couper ce qui reste de ces pins. La même société exploite sans opposition des autorités des espaces protégés comme Diva Grabovica sur le mont Cvrsnica.

Corruptions contre nature

Commentaire du World Watch Institute en janvier 2005 : « Le problème est que le secteur privé en Bosnie-Herzégovine est tout aussi corrompu que le secteur public. Dans plusieurs cas, les principales entreprises et organisations privées sont dirigées par le même cercle de personnes qui domine la scène politique. La formule qui anime les efforts de la communauté internationale – toute croissance est bonne quel que soit son impact sur l'environnement – est souvent tacitement complice de grandes entreprises qui pratiquent l'évasion fiscale, exploitent les ressources naturelles et soutiennent les mouvements nationalistes [...] Les attitudes brutales des autorités envers l'environnement font clairement écho aux comportements de plusieurs d'entre elles lorsque c'étaient des humains qui subissaient leurs violences quelques années plus tôt. » Autrement dit, ceux qui, dans toutes les régions, ont dévasté le pays en se battant continuent à détruire la nature et l'environnement après être parvenus au pouvoir en ayant dû, contraints et forcés, déposer les armes. La preuve, s'il en fallait une, que la plupart des conflits se prolongent longuement contre la nature une fois la paix revenue.

Les méfaits de la corruption et de la désorganisation d'après les conflits se retrouvent dans la mise en exploitation sauvage et illégale de la faune. À prix d'or, sans autorisation, des sociétés bosniaques, en liaison avec des agences de voyages européennes, organisent des safaris au cours desquels des chasseurs occidentaux peuvent abattre des loups, des lynx et des ours. Si ce pillage se poursuit, la diminution des surfaces forestières aidant, la biodiversité de la Bosnie-Herzégovine ne sera bientôt plus qu'un souvenir. Ce qui ne l'empêche pas d'être candidate à l'Union européenne.

Des pays riches en uranium appauvri

Dans ce pays, comme en Serbie et au Kosovo, se pose la question des conséquences éventuelles sur la santé des hommes, sur les approvisionnements en eau et sur la survie de certaines espèces animales, de l'utilisation massive par les armées occidentales de bombes et d'obus constitués d'uranium appauvri. Cet uranium appauvri, appelé dans la littérature officielle UA, est un métal quasiment pur constitué de 99,8 % d'uranium 238 et de 0,2 % d'uranium 235. Il entraîne, après l'impact sur les cibles, la dispersion de fines particules susceptibles d'être inhalées, métal ou oxyde d'uranium. Il s'agit d'une substance doublement toxique, d'abord sur le plan chimique en tant que métal lourd comme le plomb, et ensuite sur le plan radiologique en tant qu'émetteur de particules alpha radioactives. Cet uranium appauvri, à peu près inoffensif à l'état de métal compact, devient après pulvérisation et oxydation, au moment de l'impact, comparable à un gaz toxique. Il provoque des lésions irréversibles au niveau des poumons, du foie, des reins et des os. En outre, les poussières d'uranium appauvri, lorsqu'elles sont inhalées, constituent une source permanente et non éliminable de radiations ionisantes fortement cancérigènes. Les rayons alpha peuvent être des dizaines de fois plus destructeurs que rayons X. Contrairement aux pollutions chimiques temporaires causées par des bombardements, la contamination par cet uranium persiste pendant des dizaines d'années. Des centaines de tonnes d'obus à perforateurs d'UA ont été tirées par les Américains et les Anglais en Bosnie, en Serbie, au Monténégro et au Kosovo. Pour certaines organisations internationales, l'utilisation de telles munitions peut être assimilée à l'utilisation d'une arme chimique. En effet, selon les termes des conventions internationales, elle « aggrave inutilement la souffrance des hommes mis hors de combat » et elle constitue aussi « une arme non discriminatoire qui affecte directement les civils et l'environnement ».

Comme en Irak, le PNUE, Programme des Nations unies pour l'environnement, a tenté à plusieurs reprises de faire le point sur les conséquences à court terme et à long terme, pour les hommes et l'environnement, de l'usage d'une munition qui n'est pas niée par les militaires de l'Otan et des États-Unis. En mai 2003, le PNUE a discrètement publié un volumineux rapport de 300 pages sur la question de la rémanence de l'uranium appauvri, rapport qui fait suite à un autre, plus modeste, sur le Kosovo, publié en 2001. Comme en Irak pour lequel ce thème a été abordé, le rapport du PNUE, supposé complaire à tous les pays des Nations unies, des partisans des interventions en Serbie, en Bosnie, en Croatie, au Monténégro et au Kosovo à ses adversaires, est assez prudent. Mais dans son introduction, le directeur du PNUE remarque : « Dans notre étude, nous avons constaté que plus de sept ans après la fin du conflit il est toujours possible de détecter l'uranium appauvri dans les sols et des bio-indicateurs significatifs dans les sites où ces munitions ont été utilisées [...] Autre élément important, pour la première fois au cours d'une enquête dans les Balkans il a été possible d'identifier une contamination par l'uranium appauvri dans des eaux destinées à la consommation humaine. Cependant la contamination était faible et reste au-dessous des normes définies par l'Organisation mondiale de la santé. Et enfin, cette substance a aussi été détectée dans des échantillons d'air pour des endroits où nul ne s'attendait à trouver des particules d'uranium appauvri si longtemps après la fin du conflit. Mais dans ce cas encore les niveaux relevés restent au-dessous des doses limites définies au niveau international [...] Suite à cette troisième étude, les informations collectées pour ce rapport peuvent maintenant être utilisées pour relativiser tous risques sanitaires et environnementaux liés à l'utilisation de l'uranium appauvri. Mais ces études confirment que le cheminement de cet uranium appauvri est quelque chose de complexe et que ce produit peut être trouvé dans le sol, dans la végétation, dans l'eau et dans l'air, sous certaines conditions, bien des années après un conflit. »

Trente ans pour éliminer un obus à l'uranium

La lecture du rapport montre que le travail des experts s'est limité à une quinzaine de sites, essentiellement, pour la Bosnie, autour de Sarajevo, de Pale et de Gorazdé, les analyses portant sur seulement 132 échantillons. Ce qui signifie que, comme au Kosovo par exemple, les experts ont limité leurs investigations aux seuls sites indiqués par les Anglais et les Américains. Un examen de toute la région, comme au Kosovo, en Serbie et au Monténégro, aurait nécessité des moyens financiers et scientifiques beaucoup plus importants. Et surtout, aller chercher ailleurs que dans les sites « signalés » aurait été internationalement et politiquement incorrect. Pourtant, le rapport ne manque pas d'observations comme celle-ci : « Les pénétrateurs enfoncés près de la surface du sol et retrouvé par les experts du PNUE n'ont perdu que 25 % de leur masse en sept ans. À partir de ce type de découvertes, en liaison avec d'autres pénétrateurs étudiés plus tôt, cela

signifie qu'un obus à l'uranium appauvri ne sera totalement transformé en produits d'oxydation, des oxydes d'uranium et des carbonates, qu'entre vingt-cinq et trente-cinq ans après l'impact [...] par contre des obus étant restés à la surface du sol disparaîtront beaucoup plus lentement. »
Premier problème : en dehors des lieux signalés nul ne peut établir un inventaire complet des déchets de cet uranium appauvri. Aucune carte fiable des contaminations ne pourra donc être établie, ni en Bosnie ni dans le reste des Balkans ; second problème : en dehors des conséquences immédiates (et graves) sur les personnes qui se sont trouvées près d'une explosion et qui peuvent avoir inhalé des poussières radioactives, ce qui à terme entraîne des cancers, personne n'est en mesure de dire quels sont les effets des faibles doses pour ceux qui vivront longtemps, la plupart du temps sans le savoir, sur les sites ou les bâtiments touchés par les projectiles. Dernière question sans réponse : nul ne sait (et en fait nul ne s'en préoccupe) quels seront les effets de ces déchets radioactifs de la guerre sur la végétation et sur les espèces sauvages, ce qui renvoie à toutes les interrogations sur les effets à long terme des « faibles doses », qu'il s'agisse d'éléments radioactifs ou de produits chimiques. Au Kosovo, en Bosnie et en Serbie, des scientifiques indépendants mais travaillant sans moyens, parce que cela n'intéresse personne, ont constaté d'étranges mutations, au niveau des feuilles et des fleurs, sur de jeunes arbres et sur des plantes annuelles récoltées à plusieurs kilomètres de zones officiellement touchées. Des amphibiens, notamment dans le sud de la Serbie et dans le sud du Kosovo, auraient subi des atrophies suspectes au niveau des pattes. Pour les mammifères herbivores, des naturalistes signalent un nombre anormal d'avortements spontanés, mais il n'existe aucune étude ou statistique fiable dans ce domaine. En fait, comme pour l'espèce humaine, les scientifiques « suspectent » des effets indéniables sur la faune et la flore mais estiment qu'un bilan sérieux ne sera possible que dans une vingtaine d'années (comme à Tchernobyl) si un nombre anormal de cancers est observé dans les zones affectées. Mais à ce moment-là, évidemment, il sera largement trop tard.

Bombardements pollueurs

Plus généralement, des experts se sont efforcés de faire le point sur les conséquences environnementales des affrontements balkaniques ainsi que des bombardements occidentaux sur le Kosovo et, à deux reprises, sur la Serbie. Un travail souvent difficile parce que ni la Serbie, ni la Bosnie, ni la Croatie ni le Kosovo n'étaient exempts de pollutions avant les affrontements. Ce qui est certain, c'est que la plupart des sites industriels bombardés, intentionnellement ou par erreur, n'ont pas été nettoyés, et bien peu d'usines ont pu remettre en fonctionnement leurs systèmes d'épuration des rejets gazeux ou liquides, qu'ils aient disparu en raison des destructions ou des effets de l'embargo international qui a affecté la Serbie. Ainsi, à quelques kilomètres au nord de Pristina, la capitale du Kosovo, la centrale électrique et la mine de charbon à ciel ouvert qui l'approvisionne battent tous les records de pollution. Les hôpitaux de la région n'ont pas assez de place pour soigner les maladies pulmonaires liées aux rejets dans l'atmosphère. Et le cours d'eau qui traverse cette petite cité minière, la Sitnica, est une rivière morte, plus morte encore qu'avant la guerre. À tel point que les animaux sauvages qui s'y abreuvent en meurent souvent.

Partout, dans les Balkans, se pose également la question de la pollution au mercure et à la dioxine, produits que guerres, bombardements, affrontements et abandons administratifs dus à l'état de guerre ont répandus n'importe où. Pollutions qui affectent aussi bien les sols que les nappes phréatiques. Dans de nombreux bâtiments touchés par les bombardements, à Belgrade en particulier, les experts ont aussi relevé des dispersions de particules d'amiante. Ils en ont trouvé également à Pancevo : une poussière que les vents dispersent depuis des ruines industrielles où les enfants viennent jouer. Dans cette ville, située à 20 kilomètres de Belgrade, le complexe pétrochimique a été bombardé huit fois. Une des vagues de bombardements a touché de plein fouet un dépôt de près de 800 tonnes de chlorure de vinyle qui a brûlé pendant une dizaine d'heures, dégageant de l'acide chlorhydrique et des dioxines. Pendant l'incendie et plusieurs jours après, la teneur de l'air en chlorure de vinyle, relevée par des médecins et confirmée par le Centre régional de l'Europe de l'Est pour l'environnement, a été jusqu'à 1 000 fois supérieure à la norme admissible. Dans la même ville, de l'ammoniaque et un millier de tonnes de soude caustique se sont écoulés dans le Danube, supprimant toute vie aquatique sur une trentaine de kilomètres de son cours. Tous les produits chimiques relâchés, notamment les métaux lourds, se sont accumulés dans les sables du fleuve. Ce qui implique un empoisonnement potentiel et durable bien au-delà de la Yougoslavie, c'est-à-dire en Bulgarie et en Roumanie. Dans ces sables et dans les sols, une centaine de tonnes de mercure a été piégée, et risque d'empoisonner lentement toute la chaîne alimentaire autour de Pancevo et le long du Danube. Avec, en prime, la combustion et l'écoulement de 80 000 tonnes d'hydrocarbures. Dans ces régions, rapporte le *Courrier de l'Unesco*, des témoins dignes de foi et des naturalistes ont vu des oiseaux pris dans les nuages toxiques tomber au sol. En Yougoslavie, mais aussi en Bulgarie et en Macédoine. Mais à ce jour, il n'existe aucune évaluation fiable des pollutions rémanentes.

Chaîne alimentaire infectée

En Serbie, toute la chaîne alimentaire a été atteinte pour des années et la vie sauvage, flore et faune, perturbée, sinon définitivement, tout au moins pour une trentaine d'années. Mais c'est un sujet que, même aujourd'hui, les autorités serbes cherchent à occulter. Au Kosovo, alors que la question de l'environnement abîmé avait été une des préoccupations de Bernard Kouchner quand il était, pour l'ONU, le « gouverneur » de la province, ses successeurs ne s'en sont pas beaucoup préoccupés, pas plus qu'ils ne sont opposés au mitage des paysages par les nouvelles constructions.

Également au chapitre de la pollution par le pétrole des raffineries touchées par les bombes, l'agglomération industrielle de Novi Sad attend encore des évaluations sérieuses alors qu'environ 73 000 tonnes de pétrole brut et de produits dérivés ont brûlé ou, plus souvent, se sont écoulés dans les sols et les nappes phréatiques. Malgré cela les eaux de la région, chargées de produits aussi divers que toxiques, servent à la consommation et aux irrigations agricoles. De cette situation on retiendra la remarque, au début de 2004, de M. Pekka Haavisto, président pour le PNUE d'un groupe d'étude sur l'impact de la guerre sur l'environnement : « Finalement, le conflit dans les Balkans soulève une question intéressante sur la guerre moderne qui prend pour cible des usines industrielles avec le danger d'engendrer de fortes pollutions à proximité des grandes villes. La communauté internationale discute et déterminera si les règles de la guerre moderne prennent suffisamment en compte tous les risques sur la santé et l'environnement. »

En attendant la réponse à cette question qui vient un peu tard, les Serbes, les Bosniaques, les Croates et les Kosovars vivent dans un environnement largement pollué. On relève, dans plusieurs régions, des occurrences anormales de maladies de peau, de réactions allergiques et de cancers. La « guerre moderne », celle qui a été marquée, du 24 mars au 10 juin 1999, par 31 000 sortes de bombardements, ne s'est donc pas montrée plus douce pour les hommes, la nature et l'environnement que les guerres africaines, plus artisanales, ou que les affrontements nationalistes qui ont secoué la Bosnie, la Croatie et la Serbie. Le Kosovo a même eu le triste privilège de faire l'expérience des deux types de conflits.

Désordres et pollutions albanaises

Tandis que l'environnement de la frontière entre le Kosovo et la Macédoine était perturbé en 1999 par l'arrivée puis le séjour de centaines de milliers de réfugiés, la zone frontière albano-kosovare était également ravagée par l'afflux des familles fuyant le Kosovo et les activités mafieuses de bandes albanaises mettant en coupe réglée une partie du pays en profitant du désordre de la fin de guerre balkanique, avec des coupes de bois sauvage et une chasse destructrice. Alors que le pays avait déjà été secoué au printemps 1997 par une confuse guerre intérieure de deux mois qui vit tout le monde tirer sur tout le monde et l'État livré aux désordres et au pillage les plus invraisemblables : dans le sud du pays, des habitants de Gjirokastër saisirent même des avions et des hélicoptères qu'heureusement ils ne savaient pas faire fonctionner. Pas plus que les vieux blindés ivres qui zigzaguaient sur les routes avec des insurgés aux commandes, croisant de vieux Albanais en vélo qui repartaient chez eux surchargés de pistolets-mitrailleurs et de sacs de cartouches. Ils ont rendu les chars, ou plus exactement ils les ont abandonnés sur les routes, mais les armes n'ont jamais été restituées.

Cette lutte des Albanais contre eux-mêmes, cette jacquerie tumultueuse née de la découverte douloureuse du capitalisme, puisqu'ils se révoltèrent contre la faillite d'un système bancaire auquel ils avaient confié imprudemment leurs premières économies, a laissé l'Albanie livrée aux pillages et aux pollutions. D'abord parce que l'État n'a pas été capable d'empêcher les habitants appauvris de couper tous les arbres à leur portée dans un paysage de montagnes : des milliers d'hectares de forêts ont disparu au cours des huit dernières années. Résultat : une érosion qui fait actuellement disparaître 25 à 40 tonnes de terre cultivable par hectare chaque année. Cela remet en cause une part importante, au moins un quart, de la superbe agriculture de montagne qui a longtemps contribué à entretenir le paysage mais aussi la biodiversité. Cette biodiversité avait longtemps été protégée, du temps de la dictature, par l'interdiction faite aux habitants de posséder la moindre arme de chasse. Aujourd'hui, pour les Albanais armés jusqu'aux dents et pour les touristes payant des fortunes pour tirer des espèces rares, la chasse est ouverte, ce qui met en danger de nombreuses espèces, notamment les fameux aigles de la montagne qui partent, empaillés, pour des pays étrangers sans que nul douanier n'y voie le moindre inconvénient.

L'autre volet de l'effondrement de la qualité environnementale liée à la démission de l'État, c'est la montée brutale des pollutions. Il suffit de se rendre à l'embouchure du fleuve Ishëm pour découvrir le désastre : odeurs, couleurs et déchets montrent l'étendue du sinistre sans qu'il soit nécessaire de consulter les analyses catastrophiques. Ce fleuve, qui se jette dans l'Adriatique au nord de Tirana, draine des milliers de tonnes de rejets urbains et de déchets industriels, déversés sur ses rives ou rejetés dans ses nombreux affluents. Sur les rives de l'Ishëm et le long de la moitié de ses affluents, tout comme sur les bords de l'autre grand cours d'eau, l'Erzen, la vie sauvage a pratiquement disparu : des oiseaux aux reptiles en passant par les amphibiens et les insectes. L'Ishëm détient sans aucune concurrence possible le record de pollution des fleuves d'Europe.

Mais comme il ne faut jamais désespérer de l'état d'un pays, fût-il à moitié détruit par les conflits, la négligence et les corruptions, on retiendra aussi que, ne disposant pas ou plus du moindre argent pour acheter des engrais et des pesticides chimiques, une partie non négligeable des agriculteurs albanais ont découvert, involontairement, les vertus de l'agriculture biologique. Ils en font désormais un argument d'exportation d'une partie de leur production agricole, notamment vers la France. Un phénomène qui concerne d'ailleurs d'autres régions économiquement sinistrées par les guerres.

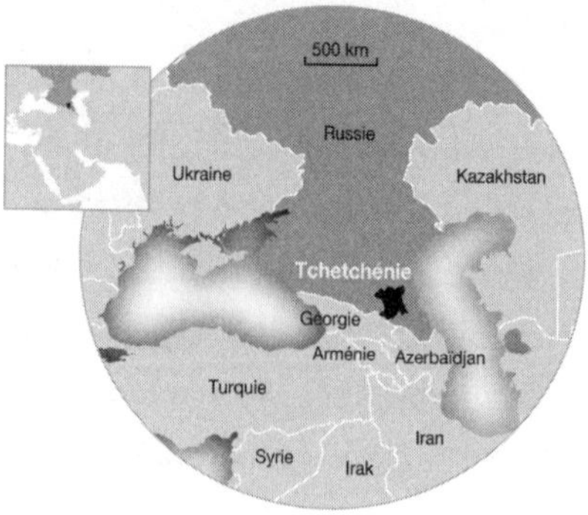

Chapitre 8

Russie : République autonome de Tchétchénie

République autonome de Tchétchénie

Superficie : 13 000 km^2

Capitale : Grozny

Population : entre 600 000 et 850 000 habitants. En 1990, Grozny et sa banlieue regroupaient 500 000 des 1,2 million d'habitants de cette république de la Fédération de Russie ; en majorité de tradition musulmane, avec 10 à 15 % d'orthodoxes, essentiellement des Russes. Après la seconde guerre avec la Russie, la plupart des Slaves ont quitté le pays.

Les cosaques russes sont arrivés en Tchétchénie au XVIe siècle. Une première guerre de résistance a eu lieu de 1785 à 1790. La seconde, menée par l'imam Chamil, a duré de 1834 à 1859, créant un État avec les voisins Daghestanais. Près de la moitié de la population aurait été tuée au cours de ce conflit qui se termina par une défaite et l'exil de nombreux Tchétchènes.

1917 : un État réunit à nouveau Tchétchènes et Daghestanais.

1920 : création d'une République soviétique des Montagnes, dissoute en 1922 et remplacée par une Région Tchétchène.

1936 : naissance d'une République soviétique autonome Tchétchéno-Ingouche.

Février 1944 : déportation des Tchétchènes et des Ingouches en Asie centrale, accusés par Staline de collaboration avec les Allemands qui ont occupé la région. La république disparaît jusqu'en 1957. Après leur réhabilitation par Khrouchtchev, les deux peuples reviendront peu à peu dans leur pays.
1990 : comme d'autres régions et républiques de l'URSS, les Tchétchènes proclament leur souveraineté.
1991 : proclamation d'indépendance après l'élection du général (soviétique) Djokhar Doudaev à la tête du pays. Après référendum, l'Ingouchie se sépare de la Tchétchénie qui se dote d'une Constitution. Les troupes russes se retirent.
Novembre 1994 : échec d'un coup d'État prorusse ; les troupes de la Fédération de Russie rentrent en Tchétchénie. La guerre, marquée par la mort du président Doudaev, tué par un missile russe, dure jusqu'à la reprise de leur capitale par les troupes tchétchènes en août 1996. L'accord de paix signé prévoit que le statut de la Tchétchénie sera fixé par référendum en 2001. L'armée russe se retire car la justification de la protection pétrolière n'est pas tenable, la Tchétchénie fournissant 1 % du pétrole russe.
Janvier 1997 : Aslan Maskhadov est élu président par 59,3 % des voix contre 23,5 % à l'islamiste Chamil Bassaev, au cours d'un scrutin considéré comme démocratique par les observateurs de l'OSCE (Organisation pour la sécurité et la coopération en Europe). Russes et Tchétchènes signent un traité prévoyant que les deux parties n'utiliseront pas la force pour résoudre leurs éventuels désaccords.
1998 : les troupes du président affrontent des éléments islamistes.
1999 : en août, Vladimir Poutine est nommé Premier ministre par le président Eltsine. En septembre, plusieurs attentats font des centaines de victimes à Moscou et dans le sud de la Russie. Ils sont attribués sans preuve (et jusqu'en 2005), sans arrestation, aux Tchétchènes.
2000 : Début octobre, les troupes russes pénètrent en Tchétchénie et bombardent Grozny, conquise en février 2000. Vladimir Poutine, président par intérim depuis janvier 2000, est élu président de la Fédération de Russie

en mars et place la Tchétchénie sous administration directe du Kremlin. Après une période d'attentats et de prises d'otages, tandis que la guerre continue hors de la capitale, Akhmad Kadyrov devient président après des élections qualifiées de « non démocratiques » par les observateurs internationaux. Il est tué dans un attentat en juin 2004, et un nouveau président est « élu » dans les mêmes conditions. Les affrontements se poursuivent dans un pays interdit aux journalistes.
Le président légal Maskhadov, avec lequel le pouvoir russe refuse de négocier, s'est réfugié dans les montagnes de Tchétchénie. Il sera tué près de Grozny en février 2005 dans des conditions mystérieuses. Les Tchétchènes, comme tous les Caucasiens, souffrent du racisme dans toute la Russie où on les appelle les « culs noirs ».

Il était un temps, un temps qui n'a pas plus de quinze ans, où au marché central de Grozny et même sur les étals et dans les échoppes de banlieue, la vodka, la bière et le vin de la Géorgie voisine étaient en vente, et en consommation libre. C'était le temps des champs agréablement cultivés, alternant les cultures vivrières et les productions destinées au marché et à l'exportation vers le reste de la Russie ; c'était également le temps des troupeaux de bovins, de moutons et de chèvres nourrissant la république. C'était enfin le temps, car la Tchétchénie a toujours su se distinguer, des premières Rolls-Royce stationnant sur la place centrale de Grozny et celui des longs convois armés de voitures japonaises d'occasion arrivant dans le pays après avoir traversé toute la Sibérie depuis Vladivostok. Deux étranges et prémonitoires originalités dans une Union soviétique finissante. Une élite commerciale, celle qui, par exemple, a toujours alimenté en fruits et légumes frais les marchés kolkhoziens de Moscou et des grandes villes, s'empare du libéralisme naissant tandis que le reste de la population vaque à ses affaires rurales. Les meilleurs de ses fils et de ses filles continuent, dans cette fin des années 80, de fréquenter l'importante université de Grozny, la culture musulmane qui imprègne la population n'empêchant pas encore les femmes tchétchènes de vivre et de se comporter comme les femmes russes ou occidentales.

Une population intelligente, sympathique, normalement « soviétisée », qui ne connaît pas l'analphabétisme et au sein de laquelle on compte toujours des admirateurs d'Alexandre Dumas, qui les a pourtant combattus dans les années 1850, comme il s'en vante dans son *Voyage au Caucase*. Une population très liée à ses traditions claniques – le *teïp* – et à sa terre natale, perdue pendant une douzaine d'années au prix de 170 000 morts dans les trains de la déportation. Une population qui, comme dans le reste du Caucase, a toujours entretenu les paysages, cultivant les pentes les plus raides des montagnes de l'Itchkérie du sud du pays. Un temps révolu, la Tchétchénie n'est plus le pays des Caucasiens hâbleurs, sympas, rigolards, proches de leur nature et hospitaliers. Il n'est d'ailleurs pas certain, ceci pouvant s'appliquer à d'autres nations dont la nature et l'environnement sont écrasés par la guerre, que la République tchétchène existe encore...

La guerre nationaliste est en partie devenue une guerre religieuse et la vodka a disparu depuis 1998 du marché de Grozny. D'ailleurs, la ville elle-même a disparu. Déblayée si bien qu'il est difficile d'y retrouver des rues ou des places familières, la capitale tchétchène reste détruite à 90 %, seuls des bâtiments officiels et militaires ayant été reconstruits ou partiellement restaurés. Grozny, ville fantôme avec de vrais habitants, souffre de pollutions multiples. D'abord les mines, qui rendent quelques quartiers inaccessibles, ensuite les produits chimiques dispersés, le pétrole et l'essence qui ont coulé à flots pendant les affrontements et l'incendie des installations de raffinage du brut amené de Bakou par pipeline. Sur cet oléoduc, pendant des années d'anarchie puis de guerre, les Tchétchènes et les résidents russes ont percé des trous et installé des robinets de fortune, recueillant du pétrole qu'ils raffinaient dans les arrière-cours et les fermes pour vendre une essence de qualité douteuse sur le bord des routes. Quelquefois les raffineries artisanales disparaissaient brusquement dans de fantastiques explosions. Pendant des années, le pétrole s'est écoulé, polluant des terres et des rivières qui portent encore la marque de ces fuites qui n'ont pas toutes été jugulées.

Le territoire de Grozny est uniformément stigmatisé par des résidus pétroliers et chimiques. Des résidus qui gagnent ou ont déjà gagné les nappes souterraines alimentant la ville. Près de 20 % des nappes phréatiques du centre du pays sont polluées et inutilisables pour l'alimentation humaine et animale. Le réseau de distribution de l'eau n'a été réparé que dans deux quartiers et les habitants, qui ne doivent plus être qu'une centaine de milliers, vivant dans des conditions précaires, ont foré des puits sauvages, sans en référer à personne dans un État dont l'administration n'existe pratiquement plus, parfois dans les cours des immeubles ayant échappé aux destructions, dans la périphérie de la ville. Cette eau qu'il faut monter dans les étages, personne n'en contrôle la qualité chimique et bactériologique. Les Tchétchènes savent qu'ils doivent la faire bouillir longuement, mais cette opération n'élimine pas les produits chimiques, pas plus que l'addition de quelques gouttes d'un chlore hors de prix. Il y a, sans que cela s'explique clairement puisqu'il n'existe aucun suivi épidémiologique, une recrudescence des maladies de peau et d'atteintes hépatiques. Les éléments nocifs se retrouvent aussi dans les légumes cultivés dans les jardins ouverts entre les immeubles ou dans les ruines pour assurer un minimum de produits frais au cours de l'été. Situation paradoxale que cette lente intoxication chimique pour un pays où des gens ont osé protester en masse contre un projet de construction d'une usine chimique du temps de l'URSS. C'était en 1988, à Goudermès, la seconde ville de la république…

Bois coupé

La distribution du gaz restant coupée, les habitants de Grozny font la cuisine en groupe et au bois, en bas de leurs immeubles, ce qui nuit aux petites forêts autour de la ville. Couper et vendre du bois fait partie des nouveaux métiers pour une population dont le taux de chômage est important : les organisations humanitaires occidentales qui travaillent encore, et de plus en plus

difficilement, dans le pays estiment que moins de 40 % des familles tchétchènes ont un membre de leur famille possédant un emploi. Autre déséquilibre qui pèse sur l'activité du pays : sur les 80 000 Tchétchènes combattants et civils tués pendant la première guerre et les 100 000 morts du second affrontement qui se poursuit, la majorité des morts ou des disparus sont des hommes, souvent jeunes. Ce qui reste de la Tchétchénie survit donc avec un extraordinaire déséquilibre démographique qui laisse les femmes largement majoritaires, alors que la progression de l'islamisme exige leur effacement, ce qu'elles acceptent fort mal, le temps de leur liberté n'étant pas encore un lointain souvenir. Ce déficit ne facilite pas la reprise des activités agricoles remises en cause par la guerre : les parcelles en friche sont très nombreuses et, dans plusieurs districts, le paysage est en train de se refermer, peu à peu gagné par les broussailles annonciatrices du retour d'une forêt pauvre. Le flux et le reflux des villages, l'exil et parfois le retour, le climat de terreur entretenu par les troupes russes et les milices ont entraîné la perte des semences traditionnelles et de la connaissance de leur diversité, puisqu'ils étaient responsables des exploitations. Ce que la collectivisation, modérée dans cette république, n'avait pas réussi a été accompli par la guerre : la Tchétchénie agricole est revenue plus d'un siècle en arrière, au temps de l'imam Chamil.
Les rares forêts existantes sont menacées par le manque de carburant : avant les guerres, les Tchétchènes cuisinaient au gaz ou à l'électricité. Ces deux combustibles ont pratiquement disparu, le gaz étant de toute façon hors de la portée financière de la majorité des habitants dont l'allocation chômage, quand elle est versée, ne dépasse pas 20 euros par mois. Comme au cœur de l'Afrique ou de l'Asie, la Tchétchénie transforme ses forêts en « bois de feu ». Encore quelques années et il n'en restera plus, ce qui entraîne une diminution de la faune dans toutes les zones non urbaines du nord et du centre.

Des mines partout

Les Tchétchènes des zones rurales, quand ils sortent de leurs villages, pratiquent difficilement une simple culture de subsistance, en courant d'énormes risques ; puisque d'après l'association Handicap international, la petite république est l'une des zones du monde les plus densément infectées par les mines antipersonnel. Trois millions de ces engins auraient été parsemés dans le pays depuis le début de l'année 2000 par les militaires russes, le nombre de celles mises en place par les combattants tchétchènes restant inconnu. La Russie a d'ailleurs, encore récemment, refusé de signer le traité d'Ottawa qui interdit l'usage et la fabrication de ces armes. Aucune opération de déminage n'a été effectuée ou même programmée, les autorités militaires refusant de communiquer, par crainte des fuites, le relevé des zones minées aux autorités municipales tchétchènes. Il n'est d'ailleurs par certain que ces plans, pourtant prévus par la Convention de Genève, existent. Mais il est vrai aussi, ce qui rappelle singulièrement les litotes officielles appliquées en France à la guerre d'Algérie, qu'aucune guerre ne se déroule en Tchétchénie puisqu'il s'agit d'une simple « opération de lutte antiterroriste ».

Vocabulaire contre réalité : rien que pour l'hôpital de Grozny, 12 % des opérations concernent des gens qui ont sauté sur ces engins ; chiffre qui ne reflète pas la réalité car, de peur d'être accusés de faire partie des forces combattantes, les adolescents et les hommes touchés ne se font pas soigner dans les cliniques ou centres hospitaliers contrôlés par les Russes. Autre effet des mines : tuer une quantité de plus en plus importante de mammifères sauvages dans le nord, le centre et l'est du pays. Ces mines limitent aussi les déplacements et rendent malaisées les activités liées à l'entretien du paysage, des rivières et des forêts ainsi qu'aux travaux agricoles, notamment dans les montagnes du Sud où les Russes et les forces tchétchènes continuent de s'affronter. Comme dans une bonne moitié de la Tchétchénie, les agriculteurs ont perdu la majeure partie de leurs moyens de culture et, quand arrive le temps des récoltes, les soldats russes prélèvent plus que leur dîme, déclenchant des incendies ravageurs dans les zones qui leur résistent. Dans cette région comme dans le reste du pays, par rapport au début des années 80, 90 % du cheptel a disparu ou a été mangé, ce qui accélère le phénomène de friches. Dans ces montagnes, notamment pour les zones de Shatoi, d'Itum, de Sharoi, de Kele et de Chiski, il n'existe plus aucun système de distribution d'eau. Cela pèse sur la santé des enfants, déjà touchés par une anémie endémique liée à la limitation de l'agriculture et de la cueillette forestière, traditionnelle dans cette région et dans toutes les zones d'altitude. Il est toujours difficile à un pays moderne de revenir à un état de précarité qui renvoie à la fragilité des hommes et qui désorganise tous les mécanismes de protection de l'environnement, qu'il s'agisse de la nature ou de la qualité de vie urbaine. C'est ce que vit la Tchétchénie atteignant le degré zéro de l'organisation. Comme l'Irak.

Plantes médicinales

Conséquence classique dans ce type de situation lié à l'état de guerre : privés de médicaments pour des raisons financières, les Tchétchènes éprouvent des difficultés à cueillir les plantes médicinales, particulièrement abondantes dans cette région, comme dans tout le Caucase. Cela devient trop dangereux. Comme la situation risque de perdurer, se désolent de nombreuses mères de familles, cela va entraîner « la perte d'un savoir, d'une connaissance que nous n'avions pas perdue sous le régime soviétique ». Une terrible et douloureuse acculturation pour le peuple tchétchène qui, à l'origine, est un peuple de montagnards descendus relativement récemment dans les plaines.

Seul bénéfice de cette situation difficile pour les familles, dont pas une seule ne compte au moins un mort récent : dans l'extrême Sud, mais seulement dans cette zone, l'augmentation rapide du nombre d'animaux sauvages. En raison de l'extension des friches mais aussi parce que les Tchétchènes chassent de moins en moins, même lorsqu'ils en ont besoin. Tout simplement parce qu'il n'est pas recommandé, les Russes ayant la gâchette et la répression faciles, de circuler dans la campagne avec un fusil ou même d'en posséder un chez soi. Les rares naturalistes amateurs constatent donc, dans les montagnes qui bordent la Géorgie, une expansion des mammifères herbivores et la croissance de la population d'ours et de loups. Ce dernier est un animal symbole de la Tchétchénie, auquel nombre de ses habitants s'assimilent (y compris dans un drapeau rebelle), comme le rappelle le premier couplet d'un chant de guerre devenu hymne national :

> La nuit où les loups sont nés
> À l'approche de l'aube, les lions rugissaient
> Comme eux nous sommes alors arrivés
> Du fond des âges dans un monde hostile
> Depuis nous ne plaisons à personne
> Mais nous avons conservé notre dignité.

La tragédie des Tchétchènes, même s'ils ne sont pas des anges et qu'on leur prête des attentats et des prises d'otages parfois téléguidés depuis Moscou, c'est que la guerre, les assassinats, les enlèvements, la répression des réfugiés et la destruction systématique de leur environnement se déroulent depuis les premiers mois de l'année 2000 à l'écart des regards du monde, dans un silence international officiel assourdissant. Comme en Irak, les journalistes sont écartés par une insécurité que l'on peut considérer comme soigneusement entretenue et par les restrictions de circulation imposées par l'administration militaire. Même situation pour la Croix-Rouge et les organisations humanitaires. Et les organismes internationaux ont été priés de déguerpir. L'OSCE n'a plus de mandat depuis la fin de 2002 et les observateurs du Conseil de l'Europe sont interdits de séjour depuis avril 2003, alors que l'on compte un soldat russe pour dix Tchétchènes…

Un jour, la Tchétchénie (peut-être la Russie) devra dépenser des fortunes pour réhabiliter un environnement délabré. Cela se passe en Europe et il est à craindre que la contagion de ce qui devient en plus une « affaire islamiste » gagne peu à peu les autres régions ou républiques musulmanes et autonomes au sud de la Russie.

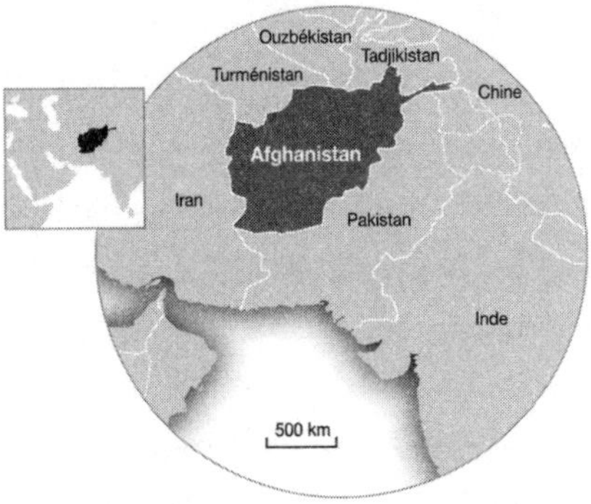

CHAPITRE 9
Asie : Afghanistan

Afghanistan

Superficie : 652 088 km^2, dont les deux tiers en altitude

Capitale : Kaboul

Population : entre 23 et 28 millions d'habitants dont approximativement 40 % de Pachtounes, 30 % de Tadjiks, 10 % d'Ouzbeks et 9 % de Hazaras. Climat continental.

L'Afghanistan aux ethnies multiples a été fondé au milieu du XVIIIe siècle. Son territoire a été disputé militairement tout au long du XIXe siècle entre les Anglais et les Russes. À la fin de l'une de ces guerres, Winston Churchill, alors tout jeune militaire, assura : « L'Afghanistan n'est qu'un accident de l'Histoire. » Ce royaume n'a obtenu sa réelle indépendance qu'en 1921, tout en restant sous la surveillance de la Russie, devenue l'URSS. Le pays vit en état de guerre intérieure depuis la deuxième partie des années 70. Le cheminement vers le désordre est la conséquence du renversement en 1973 du roi (pachtoune) Zaher Chah, au pouvoir depuis 1933, par son cousin Muhammad Daoud. Il avait été dix ans son Premier ministre et proclama la république. Ce coup d'État visait, outre ses aspects familiaux, à accélérer la modernisation du pays lancée par l'adoption d'une Constitution démocratique au début des années 60, Constitution qui organisait

notamment la libération des femmes, la non-obligation du port du voile, la liberté d'expression et l'existence de partis politiques. Daoud décida l'interdiction des partis et organisations islamistes. En 1978, un coup d'État communiste mit fin à la présidence de Daoud, qui fut exécuté. « Pour mettre fin aux désordres et mettre au pas les islamistes menaçant le pouvoir », l'Union soviétique intervint militairement en décembre 1979 pour appuyer un gouvernement qui renforça le refus des exigences islamistes. Cela entraîna l'entrée en résistance des moudjahidin, combattants musulmans, aidés en armes et en moyens financiers par les États-Unis et l'Arabie Saoudite, qui s'opposaient pour des motifs différents à l'URSS. Ce conflit sans merci entraîna plusieurs centaines de milliers de morts afghans et officiellement 13 000 morts soviétiques. Gorbatchev décida en 1988 le retrait des troupes de l'URSS, le dernier soldat quittant le pays en février 1989. À cette époque, au moins 3 millions d'Afghans étaient réfugiés au Pakistan. Les moudjahidin prirent Kaboul en 1992, tandis que dans la capitale, comme dans le reste du pays, des factions régionales s'affrontaient sous les ordres, notamment, du général Dostom, l'Ouzbek, et du commandant Massoud, le Tadjik. En janvier 1995, partis du sud, les taliban (« étudiants islamiques ») pachtounes, commencent à monter vers Kaboul. Ils ne réussissent pas à la prendre en mars, repoussés par le commandant Massoud, mais y parviennent en septembre 1996. Ils ont ensuite conquis l'essentiel du nord du pays, à l'exception de la vallée du Panchir tenue par les combattants de Massoud. À partir de ce réduit, les hommes de Massoud, et plus à l'ouest le général Dostom, lancèrent, à l'automne 2001, après l'attentat du World Trade Center, une reconquête à l'aide du matériel et des bombardements des troupes américains et de leurs alliés occidentaux lancés dans l'opération Enduring Hope. La double offensive entraîna la chute du régime des taliban sans que soient jamais arrêtés ni leur chef, le mollah Omar, ni le responsable d'Al-Qaida, Oussama Ben Laden.
En octobre 2004, le chef d'État Hamid Karzaï, d'abord nommé par les pays occidentaux et adoubé par le vieux roi Zaher Chah, a été élu par 55 % des

voix. Mais l'administration afghane n'a pas été restaurée et le pouvoir du président ne dépasse pas les limites de Kaboul. Les taliban tiennent tout le sud-est du pays et les chefs de guerre régionaux n'ont pas renoncé à leurs pouvoirs. Il reste deux millions de réfugiés au Pakistan, essentiellement dans la zone frontalière, et une dizaine de millions de mines à travers le territoire.

Sous une pluie battante, le long de la route qui mène depuis la ville de Termez en Ouzbékistan et les rives de l'Amou-Daria à Mazar-e-Charif, à travers un désert dont les dunes baladeuses barrent parfois le bitume, le voyageur se dit que cette région de la province de Balkh n'a pas toujours été désertique. Et que les vestiges de quelques réseaux d'irrigation, à la sortie de Tash Gozar, ont dû être source de grands jardins et de cultures. Le long de la chaussée, parfois plus loin dans le sable, indestructibles, gisent aussi des vestiges militaires, reliquats de tous les affrontements qui ont meurtri la région comme le reste de l'Afghanistan. Squelettes de fer gisant au milieu des buissons rabougris alors que sur les bords du bitume, parce qu'il pleut depuis trois jours, surgissent de puissantes pousses vertes. C'est par cette route que les Soviétiques de Brejnev ont pénétré dans le pays en 1979 avec pour objectif ou prétexte de mettre fin aux progrès de l'islamisme. C'est par cette route que les Soviétiques de Gorbatchev sont repartis, laissant derrière eux un pays qui sera livré à d'autres combats et à des islamistes plus virulents que ceux que le pouvoir de Brejnev voulait contenir en « mettant de l'ordre » dans un pays qui fut toujours sous influence russe. L'Afghanistan est dans un triste état et les contingents militaires américains, anglais ou autres n'y peuvent pas grand-chose. Ils ne veulent peut-être pas grand-chose : le maintien de l'ordre rime rarement avec la préservation de la nature et la restauration des écosystèmes. Et les organisations humanitaires se préoccupent toujours prioritairement et logiquement des êtres humains en grande souffrance. Dans un rapport publié en 2003, les Nations unies écrivaient en termes peu diplomatiques : « Tragiquement, les pressions conjuguées de l'état de guerre, de la guerre civile, de l'absence de pouvoir et de la sécheresse ont fait payer une addition élevée aux ressources humaines et naturelles de l'Afghanistan. Ces impacts ont aggravé et exacerbé une situation générale de dégradation des terres dont on voit les dégâts évidents à travers la majeure partie du pays. Comme les ressources naturelles du pays ont diminué, sa vulnérabilité aux désastres naturels et aux famines a augmenté. »

Dans d'autres études sur les dégâts causés à l'environnement, les Nations unies ont d'abord mis l'accent sur les dégâts de la guerre et sur les impacts environnementaux des produits chimiques relâchés dans la nature à la suite des bombardements. Ce qui se passe en Afghanistan est différent. Ce qui est très grave dans ce pays, c'est la dégradation pour le long terme de l'environnement entraîné par la disparition totale de toutes les formes de pouvoir local ou national.

On ne peut pas mieux dire, s'agissant d'un organisme international enclin à la prudence dialectique, que l'Afghanistan n'existe plus depuis longtemps en tant qu'État, même mal organisé. L'élection d'un président d'abord désigné par les occupants à l'automne 2004 n'a rien changé : il règne sur Kaboul et une partie de sa banlieue, mais ailleurs les caciques et les chefs de guerre contrôlent toujours leurs fiefs sans se préoccuper de ce que souhaite la capitale ni, bien évidemment, sans se soucier de préserver les richesses naturelles et l'environnement. Disons le crûment tout de suite, même si nous reviendrons sur ce thème : il suffit à la plupart de ces seigneurs de disposer de suffisamment d'eau pour que puisse pousser le pavot, même dans les régions toujours ou à nouveau contrôlées par les taliban.

La disparition des eaux

En dehors de Kaboul qui fut une capitale passionnante, culturelle et magnifiquement vivante, l'Afghanistan n'a jamais vraiment été un pays moderne au sens où nous l'entendons en Occident. Tous ceux qui, des Soviétiques qui auraient pu réussir aux Américains qui échoueront, veulent « moderniser » ce pays et appliquer à sa province, ou plus exactement à ses provinces, les (anciennes) « lumières » et avancées démocratiques de la capitale ont rejeté une majorité d'Afghans vers le passé. Ils ont en même temps, par la force, par les idées ou les innovations inadaptées, contribué à la déstructuration de la société afghane et de son environnement. Il est aussi dangereux pour l'avenir de contraindre un Afghan à aimer la télévision qui heurte ses croyances profondes que d'essayer de lui faire abandonner ses semences traditionnelles au profit de celles distribuées par le PAM, le Programme d'aide alimentaire mondial. Dire cela n'est pas justifier les taliban ou les bandes actuelles, mais proposer une explication au fait qu'en 2005, en dehors de la traque de Ben Laden et du mollah Omar, il ne se passe rien en Afghanistan, sinon la poursuite des affrontements qui ont suivi le départ des Soviétiques et entraîné l'arrivée des taliban. Et ce n'est pas en repeignant le commandant Massoud avec des couleurs modernistes et occidentales, alors qu'il n'a jamais libéré les femmes et ne s'est jamais préoccupé de l'état de son pays, même lorsqu'il était ministre dans les années 90, que l'on rendra service aux Afghans et à leur pays en voie de désertification. La solution, s'il en existe une, n'est pas de rêver d'un Afghanistan à notre aune, mais de fournir à ses habitants les moyens financiers et techniques de sauver leurs ressources et richesses naturelles à leur façon, selon leurs traditions. S'il en est encore temps, car le pays est tellement ruiné que l'on ne sait guère par quelle catastrophe écologique commencer.

La plus grave semble bien être la disparition de l'eau. D'abord parce que la « sécheresse » qui affecte la majeure partie de l'Afghanistan vient de loin et correspond en partie à l'évolution du climat, ensuite parce qu'elle a été partout aggravée par les guerres et l'absence de gestion liée à cet état de guerre, enfin parce que cette sécheresse entraîne d'autres dégradations de l'environnement et de la nature. On ne peut mieux dépeindre l'ampleur des dégâts que par l'exemple des marais de Sistan, partiellement (un tiers) à cheval sur la frontière iranienne, dans le sud-ouest de l'Afghanistan : les deux zones marécageuses jumelles communiquent entre elles, mesurent chacune environ soixante kilomètres sur vingt et couvrent en leur extension maximale près de 4 000 km². Elles ont complètement disparu au cours des vingt dernières années, avec une accélération extraordinaire depuis 1998. Les observations sur place confirment, et réciproquement, les effarantes photos satellite : même les lacs Hamoun-e-Puzak et Hamoun-e-Sabari, au nord de la zone, ont disparu, ainsi que le demi-million d'oiseaux migrateurs et nicheurs qui les fréquentait. Les quelques rivières qui alimentaient ces espaces lacustres et marécageux ne coulent plus, captées, détournées ou sèches. Toutes les roselières ont disparu, brûlées, littéralement réduites en cendres par la fuite de l'eau qui n'est même plus présente en nappe affleurante sous la terre craquelée et désormais parcourue par des pistes. Les quelques mares qui restent, 1 % de la surface d'origine, ne laissent pratiquement aucun espoir de reconstitution d'une zone humide précieuse dans ce qui est aujourd'hui un désert, pour les hommes comme pour la faune et la flore.

Une rivière en perdition

Une authentique tragédie liée à l'évolution climatique mais surtout au laisser-faire des habitants qui détournent les cours d'eau « jusqu'aux dernières gouttes », utilisent n'importe comment les barrages dressés sur le fleuve, les « autorités » locales ou régionales successives étant restées engluées dans leurs guerres qui changent régulièrement de protagonistes. Des mesures d'aménagement, d'économie et de régulation auraient permis de sauver l'essentiel. Mais les paysans et les éleveurs abandonnés à eux-mêmes n'ont pas eu d'autre solution que d'improviser, « d'user » l'eau de la rivière Helmand, la principale tributaire de cette zone marécageuse. Les roselières qui bordaient ses rives sont en train de disparaître à cause de la baisse du niveau des eaux. Aucune gestion, aucun aménagement nouveau n'a été réalisé parce que les budgets locaux ou nationaux, si tant est que le mot budget ait eu alors un sens, étaient d'abord consacrés à l'achat d'armements, de matériel militaire et aux rétributions de troupes. En ces temps où le marais commençait à disparaître, tout l'argent que les États-Unis et l'Arabie Saoudite ont fourni aux combattants antisoviétiques puis aux taliban aurait largement suffi à sauver au moins une partie de ses marais et de la rivière Helmand. Donc à préserver l'avenir d'une région où les habitants cultivaient – puisqu'il faut écrire la quasi-totalité de cette histoire des hommes au passé –, depuis au moins quatre mille ans. Une région dont la biodiversité fut magnifique, et là aussi il est nécessaire d'utiliser le passé. Cette zone, dans sa partie iranienne – également évanouie –, a été prise en compte en 1975 par la convention Ramsar destinée à préserver les zones humides : mais 90 % (et encore...) des espèces d'oiseaux qui peuplaient les marais de Sistan ou qui y hivernaient se sont envolés vers d'autres cieux. Les flamants n'ont pas été vus dans le pays depuis 1999 et les dernières grues sibériennes, espèce extrêmement menacée, ont été aperçues en 1986.

Quelques espèces endémiques se sont éteintes pour toujours et les habitants qui s'accrochent à la région ne peuvent même plus chasser ni pêcher, car les 130 espèces de poissons répertoriés dans le marais, poissons utiles à la fois aux hommes et aux oiseaux, comme le pélican par exemple, ont évidemment disparu, ainsi que les sarcelles, les canards et la plupart des mammifères sauvages. Même les loups, les hyènes et les chacals ont pris la fuite. Zaranj, la « capitale » de cette région qui fut une ville aux marchés animés, enfouie dans la verdure depuis le Moyen Âge, n'est plus qu'une ville fantôme en ruine au bord d'un fleuve et au milieu d'un désert. Poussé par le vent, ne rencontrant plus d'obstacles végétaux, le sable a recouvert et recouvre tout, étouffant ce qui reste de végétation.

Ce sable comble même peu à peu le lit de l'Helmand, détournant ou enfouissant son cours et son delta : depuis une bonne quinzaine d'années, aucun engin de déblaiement n'a été utilisé pour s'opposer à l'avancée du sable, ce qui réduit encore le flot d'une rivière dont le débit baisse à cause de la réduction des champs de neige qui l'alimentent et des agriculteurs livrés à eux-mêmes qui prélèvent son eau sans le moindre contrôle ni la moindre organisation. De même, ils prélèvent sans la moindre coordination les eaux qui restent dans les deux « grands » barrages de Kajaki et de Dahla, deux réservoirs dont les eaux sont parfois relâchées n'importe comment par des techniciens privés de directives, dans l'espoir, toujours vain depuis quelques années, d'envoyer de l'eau vers les marais pour les sauver. C'est peine perdue, les flots relâchés n'atteignent jamais leur objectif : ils se perdent dans les sables et les terres accumulées par le vent ou sont interceptés par des paysans désespérément à la recherche d'un peu d'eau pour retarder leur exil.

Évidemment, tout ce qui reste de végétation, plus ou moins desséché, est peu à peu transformé en bois ou broussailles de chauffe, ce qui laisse encore plus de prise à l'érosion éolienne. La terre, la bonne terre, s'envole vers le sud, recouvrant les routes, les pistes, les hameaux et les rares espaces encore irrigués et comblant les derniers petits barrages. Comme sur les rives desséchées de la mer d'Aral, on voit de place en place des bateaux échoués ou à demi enterrés dans le sable ou les sédiments balayés, telles des sentinelles peu à peu recouvertes avant de disparaître.

Erreurs humanitaires

Commentaire de quelques experts du Programme des Nations unies pour l'environnement venus sur place en 2002 : « Les conflits ont rendu difficile ou impossible d'améliorer ou de réparer les infrastructures de sauvegarde de l'eau et de coordonner une politique nationale de l'eau. » La remarque peut s'appliquer à tout le pays. D'autant que les efforts humanitaires désordonnés aggravent parfois la situation. Ainsi, dans la région de Sistan et dans d'autres zones limitrophes, le système traditionnel afghan consiste à faire circuler l'eau d'irrigation ou d'approvisionnement vers les villages ou les hameaux par des conduites souterraines reliées à des puits peu profonds ou des sources. Ce système évite l'ensablement et limite à la fois l'évaporation et l'augmentation de la salinité. Ces réseaux – les *karez* – sont parfois très anciens, courant à l'abri du soleil et du vent sur des dizaines de kilomètres en utilisant simplement de légers dénivelés. Dans leur ardeur « occidentale » à redonner plus d'eau à certains habitants, des humanitaires ont foré des puits profonds, forages qui ont entraîné l'assèchement rapide et complet des puits superficiels et donc de centaines de kilomètres de conduites souterraines. À chaque fois, ces interventions technocratiques, négligeant les savoir-faire des habitants, ont privé du peu d'eau qu'ils recevaient les milliers d'Afghans qui ne se trouvaient pas à proximité du nouveau forage, lequel était généralement exigé par des chefs de guerre locaux qui ne prennent pas la peine de coordonner leurs demandes avec celles d'autres chefs de guerre et négligent d'entretenir les réseaux d'irrigation traditionnels. Les marais de Sistan ne sont pas la seule zone dont la biodiversité a été sinistrée par les conflits : dans le centre du pays, les lacs et marais d'Ab-e-Estada et Dasht-e-Newar, au sud-ouest de Kaboul, le plus vaste sanctuaire d'oiseaux aquatiques du pays, ont intégralement disparu, entièrement desséchés, alors qu'on y observait plus d'une centaine d'espèces. On roule en voiture sur le fond du lac. Et non loin de là, le seul parc national du pays, celui de Band-e-Amir, a eu la malchance de se trouver à plusieurs reprises, la dernière fois en 2001, sur la ligne de front entre les taliban et leurs adversaires. Ce parc est devenu le terrain de chasse exclusif des militaires afghans de haut rang, les seuls à connaître les zones qui ne sont pas truffées de mines antipersonnel ou antichars.

De 30 000 à 100 canards

Autre exemple, tout près de Kaboul : le lac de Kole Hasnat Khan, qui fut autrefois une zone de promenade et de découvertes écologiques pour les habitants de la capitale. Il faillit devenir réserve naturelle ou parc national avant le début des affrontements, pour préserver les nombreuses espèces nicheuses et les migrateurs de passage. Le lac et ses rives marécageuses étaient protégés du comblement par la cueillette régulière des roseaux servant à faire des toits pour les maisons des environs et l'eau provenait de quelques petites rivières aux flots irréguliers. Il n'y a pratiquement plus d'eau, le peu qui coule encore vers le lac est détourné pour des usages agricoles sans « débit réservé », quelques égouts à ciel ouvert y parviennent et la roselière est en voie de disparition. À la fin des années 70, les naturalistes y recensaient, par exemple, une trentaine de milliers de canards par an. En 2003 on en aurait vu à peine plus d'une centaine…

Au nord du pays, dans le secteur où l'irrigation dépend essentiellement de l'Amou-Daria dont, le long de la frontière afghane, les eaux ne sont pas encore gaspillées par les Ouzbeks et les Turkmènes qui stockent d'énormes quantités d'eau dans des zones désertiques et surchauffées. Les mêmes errements de gestion liés aux désordres de la guerre ont été constatés, avec les mêmes conséquences sur l'érosion et sur la biodiversité. Peu à peu, les dunes envahissent les zones cultivées, faute d'être fixées par la végétation qui a séché sur place, arbres y compris, et a été utilisée comme bois de chauffage et de cuisine. Progressivement, alors que la rive ouzbek reste verte et cultivée, la rive afghane se transforme en désert. Comme pratiquement dans tout le pays, ce qui reste des eaux d'irrigation enregistre une augmentation régulière de la salinité qui est évidemment néfaste aux cultures et transforme ou élimine une partie de la végétation, à commencer par les arbres dont on peut voir les « souffrances » dans les rares espaces encore boisés près de Tash Gozar, le long de ce qui s'appelait du temps des Soviétiques « la Route de l'Amitié ».

La question de la déforestation, étroitement liée à la disparition de l'eau et à la guerre permanente, pèse sur tout le territoire afghan dont une bonne part n'est déjà pas très propice à l'établissement d'un couvert végétal important, sauf dans le Nord et les montagnes de l'Est. Sont d'abord en cause les exploitations illégales de bois vendu au Pakistan par des responsables locaux : elles concernent le chêne et le cèdre. Aujourd'hui encore, des dizaines de camions traversent chaque jour la frontière pakistanaise vers Peshawar avec des chargements de bois de charpente. En cause également, les besoins en bois de chauffage et de cuisine émanant de populations que les affrontements armés ont longtemps coupées et coupent toujours de tout autre approvisionnement en combustibles. Les genévriers et les résineux ont le plus souffert de cette cueillette, sans que les chênes et les peupliers des forêts alluviales soient épargnés, alors que leur fonction de maintien des berges est importante. Pour les genévriers, qui maintenaient efficacement les sols, protégeaient les villages, les cultures, les rivières et les points d'eau, abritant une faune et une microfaune très riches, le taux de disparition depuis la fin des années 70 est de 80 %, avec une nette accélération à partir de 1991. Cette raréfaction des arbres provoque des changements de microclimats, changements qui entraînent le dépérissement ou la disparition de nombreux arbres. S'y ajoute la diminution rapide de la régénération naturelle : les sols se dégradent vite et il n'y a plus assez de graines. Partout, qu'il s'agisse des grands arbres ou de genévriers, le surpâturage fait de plus en plus « efficacement » le reste. Car la situation de guerre, la diminution de la production agricole d'origine végétale et la baisse des échanges avec les pays riverains ont entraîné une importante augmentation des troupeaux en tant que ressource alimentaire de substitution. De 1979 à 2004, le troupeau de moutons est passé de 14 à 24 millions de têtes et celui des chèvres, encore plus dévastatrices pour la végétation, de 3 à 9 millions.

Désastre forestier

Les militaires et les bandes armées ont coupé beaucoup d'arbres : les uns pour supprimer un couvert forestier susceptible de protéger des résistants – et maintenant des taliban –, les Américains se conduisant exactement comme les Soviétiques ; les autres pour construire des abris, installer des ponts provisoires et faire du feu, pour la cuisine mais aussi pour se chauffer en ces régions dont les hivers sont glacials, surtout en altitude. Les pistachiers, les noyers, les noisetiers, les amandiers, sources d'alimentation et de revenus pour de nombreux villages, n'ont pas échappé à un désastre qui atteint des proportions rarement constatées dans d'autres pays. Le plus grave, c'est la rapidité avec laquelle cette déforestation s'est produite, même lorsqu'il s'agit de la disparition d'arbres fruitiers comme les pommiers ou les abricotiers. Quant à la vigne, ce sont les taliban qui ont organisé des arrachages, dépouillant de végétation des milliers d'hectares, parce que certains mollahs redoutaient que les paysans afghans n'en fassent du vin ou de l'alcool. Catastrophe naturelle mais aussi humaine que le recul des arbres : en effet, dans les années 70, la vente des pistaches, des noix, des noisettes, des amandes et des fruits séchés représentait 40 % des exportations. La cueillette des pistaches et des amandes (60 variétés répertoriées dans les années 70, une trentaine actuellement) sur les arbres qui restent a atteint une telle « perfection », vu les besoins en revenus monétaires des Afghans, que rien ne reste sur les branches pour la régénération naturelle.

Dans certaines provinces comme celles de Takhar dans le Nord ou de Badghis dans l'Ouest, le couvert forestier est passé de 40 à moins de 1 % depuis le début des années 80. Au cours de la même période, des provinces de l'Est comme Nuristan, Nangarhar et Kunar, limitrophes du Pakistan, traditionnellement réputées forestières, ont vu leur couvert en arbres passer de 75 à 30 % et de 55 à 15 % selon les zones. Pour la province de Nangarhar, la diminution mesurée par photos satellite a été de 70 %. Sur place, la catastrophe écologique paraît encore plus saisissante tant cette zone montagneuse laisse apparaître une dégradation des sols, qui ne parviennent plus à retenir l'eau et qui glissent rapidement vers les vallées. Les camps de réfugiés intérieurs, en partie résorbés en 2005, qui étaient installés près du col de Khyber, le long de la route menant de Jalalabad à Peshawar au Pakistan, ont également contribué à la destruction du couvert forestier. Tout comme les immenses camps installés du côté pakistanais, au bas de la barrière montagneuse qui sépare les deux pays. D'autant plus que les « zones tribales », au bord desquelles ou dans lesquelles s'étendent ces camps, échappent en grande partie au contrôle de la police ou des forces armées pakistanaises.

Les évaluations les plus optimistes avancent une diminution forestière de 60 % – et les pessimistes 70 % – pour tout le territoire afghan au cours des vingt dernières années. À partir de ce chiffre énorme, il n'est pas difficile de comprendre quels sont les dégâts sur la biodiversité. De plus, les captures et les chasses sauvages s'ajoutent à la dégradation des écosystèmes. À prix d'or, des safaris sont organisés dans les zones montagneuses et encore boisées de l'est du pays, jusque sur les contreforts du Pamir, en particulier dans la vallée du Shukargah et dans le « couloir » du Badakchan, coincé de 3 000 à 6 000 mètres d'altitude entre le Tadjikistan et le Pakistan où subsistent deux réserves naturelles que personne ne garde plus depuis longtemps.

La fin du léopard des neiges

Dans les montagnes orientales, le léopard des neiges fait partie des victimes et des espèces désormais très menacées. Illustration : ses peaux sommairement préparées sont en vente dans des boutiques de Kaboul, régulièrement achetées par des militaires occidentaux ou par des Européens travaillant pour les organisations humanitaires ou pour les Nations unies. Achats qui représentent une incitation croissante à la chasse. À la frontière, nul ne se préoccupe de ces exportations illégales qui devraient au moins être interceptées par les douanes européennes. Mais qui fouillera les cantines des humanitaires, des militaires ou des fonctionnaires des Nations unies ? Les peaux d'ours bruns, d'ours noirs, de caracals ou de loups sont également ouvertement en vente dans les magasins de fourrures et de peaux de la capitale, où se côtoient toutes les dépouilles des espèces rares du pays. Sans oublier les grands rapaces naturalisés comme le gypaète, le vautour noir ou l'aigle impérial, ni les trophées ou les peaux de mouton de Marco Polo ou de chèvres sauvages capturées sur les premières vallées du Pamir. Le faucon, le célèbre faucon afghan, n'échappe pas à l'hécatombe, mais vivant : il se vend des centaines de dollars pièce à des intermédiaires qui le cèdent contre des milliers de dollars à des

Saoudiens amateurs d'oiseaux de poing pour la chasse. Comme pour les autres espèces sauvages, ces ventes représentent des revenus incomparablement importants pour des ruraux au bord de la survie, même si ce sont les intermédiaires et les revendeurs à l'étranger qui réalisent comme d'habitude les plus somptueux bénéfices.

Des revenus qui ne peuvent qu'être comparés à ceux que procure à nouveau la culture du pavot. Elle a repris à travers tout le pays au printemps qui suivit le départ des taliban du pouvoir, comme si les semences avaient été livrées dès l'arrivée des troupes étrangères… On ne saura probablement jamais si les taliban avaient fini par interdire cette culture pour d'authentiques raisons de morale islamique ou pour faire remonter les prix qui avaient considérablement chuté. D'après l'Office des Nations unies contre la drogue et le crime (UNODC), à l'arrivée des taliban la production annuelle d'opium était de 2 300 tonnes, alors qu'elle était négligeable à la fin des années 70. Elle est montée jusqu'à 4 600 tonnes en 1999 (sous les taliban) pour redescendre à 3 300 tonnes en 2000 et à 200 tonnes seulement en 2001, année de la chute du régime. Dès 2002, la production est remontée à 3 400 tonnes, pour atteindre 4 200 tonnes en 2004. La culture et l'élaboration du produit ferait vivre un peu plus de 2 millions d'Afghans répartis dans les 32 provinces afghanes sur une surface cultivée d'environ 140 000 hectares. La nouveauté, c'est que plus aucune province n'échappe à cette culture.

Le double danger du pavot

Si l'on met de côté les effets nocifs sur la santé de millions de toxicomanes à travers le monde, consommant les drogues dures élaborées à partir du pavot, cette culture a au moins trois conséquences. Il y a d'abord le risque important d'épuiser rapidement les sols soumis à une monoculture dont l'importance n'a pas d'équivalent dans le pays. Ensuite les paysans-éleveurs, étant donné les revenus confortables procurés, peuvent être tentés de renoncer à leurs cultures vivrières qui sont moins dangereuses pour les sols, ne conservant que des activités d'élevage alors que nous avons vu qu'elles pèsent lourdement sur la flore et la forêt. Et enfin, la monoculture aura pour conséquence d'accentuer l'abandon et la disparition des semences adaptées à la région, notamment le blé et l'orge. Dans ce pays ravagé, il faut une force d'âme peu commune pour résister à la culture de la drogue : un hectare de blé rapporte environ 400 dollars contre 18 000 dollars pour le même hectare de pavot. Le renoncement au blé et à l'orge menace à terme des semences endémiques, utilisées depuis plus d'un millénaire et qui avaient d'ailleurs été isolées et améliorées par les ingénieurs agronomes soviétiques de Leningrad. Ces variétés, essentiellement originaires du centre de l'Afghanistan, sont d'autant plus menacées que des organisations internationales tentent d'imposer d'autres variétés qui, une fois adoptées, pourront être vendues aux agriculteurs afghans, y compris des variétés génétiquement modifiées déjà à l'essai dans la région de Mazar-e-Charif, au nord du pays. Ce type d'aide qui ne prend pas en compte la culture des destinataires a entraîné en 2003 une tragédie exemplaire dans son déroulement : une association américaine a livré des graines de blé « enrobées » (de pesticides, de fongicides...) à des paysans afghans. Comme ils l'ont toujours fait, ces derniers ont semé une partie de la livraison et ont gardé le reste « au cas où ». Le blé ayant bien levé ils ont finalement panifié une partie du stock restant. Le pain en question, selon les sources, a empoisonné mortellement entre 60 et 80 personnes.

Avant la guerre, c'est-à-dire dans les années 70, l'Afghanistan comptait 22 centres de recherche agricole. Il en reste un. Et la collection de semences de Kaboul a été détruite en 1992 par les combattants du commandant Massoud, tout comme a été détruite et pillée la banque de semences irakienne qui se trouvait à Abou Ghraïb, tout comme ont été détruites de nombreuses banques de graines, ces graines essentielles lors de la reconstruction d'un pays. L'Afghanistan souffre des mêmes maux que tous les pays en guerre : dans leurs fuites et leurs mouvements vers des camps ou les villes pour se protéger des conflits, les réfugiés abandonnent leurs cultures et perdent leurs semences. Quand les systèmes traditionnels, comme en Afghanistan, comme en Afrique, reposent à 90 % sur des variétés locales, comme elles circulent et s'échangent sur les marchés, l'agriculture traditionnelle s'effondre et se transforme. Pour revivre elle doit acheter. En attendant, les paysans de ces pays touchés par la guerre s'approvisionnent auprès des associations humanitaires, qui, le plus souvent, tiennent leurs graines des multinationales qui, plus tard, leur vendront ces semences. Au-delà de la perte de la biodiversité, en Afghanistan comme en Afrique, se profile la perte de la connaissance…

Une autre menace pèse sur les espaces naturels consacrés au pavot : les Américains rêvent d'appliquer les mêmes méthodes qu'en Colombie en aspergeant les champs avec des désherbants. Au début du mois de décembre 2004, des essais auraient été effectués autour de deux villages de la province de Nangarhar. Les responsables afghans de Kaboul ont affirmé qu'ils n'y étaient pour rien. Les Américains, auxquels personne n'avait rien demandé, ont déclaré immédiatement la même chose. Mais personne ne sait où sont passés les échantillons de terre et de pavots qui ont été emmenés dans la capitale pour analyse. La seule certitude dans cette mystérieuse affaire est que les champs aspergés depuis un ou plusieurs hélicoptères ont vu les plants de pavots s'étioler et jaunir en quelques jours. Autre évidence : la défoliation des cultures « coupables », conjuguée avec celle de la végétation alentour, serait un nouveau coup porté contre les écosystèmes fragilisés du pays, et un risque supplémentaire pour la santé d'une population dont l'espérance de vie diminue chaque année. Un risque pour la faune également et une menace pour ce qui reste aussi des plantes médicinales, dans un pays où acheter des médicaments est réservé à une petite élite des habitants de Kaboul, et où la mortalité infantile a atteint le niveau record de 256 pour mille, quasiment un record du monde. Les Afghans sont très impressionnés par la disparition des plantes médicinales, disparition qui apparaît comme un indicateur de la transformation rapide de la flore.

Dans la nature, en attendant le Round Up ou un autre désherbant, des chimistes ont récemment trouvé au sud de Mazar-e-Charif du DDT, du méthyl-parathion, du lindane et toute une série de pesticides, fongicides et insecticides qui ont pour point commun d'avoir été interdits d'usage et de commercialisation en Europe et aux États-Unis il y a dix, vingt ou trente ans. Voilà une (nouvelle) preuve que les sociétés qui ont fabriqué autrefois ces produits s'efforcent toujours de les écouler dans les pays sans législation et sans contrôle. Il suffit de parcourir le bazar de Mazar ou de Kaboul pour s'en convaincre : ces produits nocifs qui empoisonnent les hommes et déciment les animaux sauvages, notamment les oiseaux, sont en vente libre après avoir été importés par les réseaux liés aux chefs de guerre.

Tous ces produits, comme ceux qui sortent des rares usines du pays, à Kaboul ou à Herat, passent directement dans les nappes phréatiques et les rivières. Tout comme ce qui sort des égouts à ciel ouvert ou suinte des dépôts d'ordures, ménagers ou hospitaliers. Le ramassage des déchets n'existe pas en Afghanistan et seuls deux quartiers de Kaboul bénéficient d'un vague traitement des eaux usées. Ce qui signifie, tout étant relatif, qu'il est moins dangereux de boire l'eau provenant des puits dans les villages que celle distribuée dans les villes.

Dernier élément de réflexion : que tous ceux qui achètent des sandales moulées en plastique en provenance d'Afghanistan sachent qu'elles sont fabriquées dans une petite usine de Kaboul qui non seulement pollue l'air et l'eau mais surtout emploie des enfants qui travaillent, dorment et mangent dans l'usine saturée de vapeurs de plastique.

CHAPITRE 10

Antilles : Haïti

Haïti

Superficie : 27 750 km²

Capitale : Port-au-Prince

Population : environs 8 millions d'habitants.

La république de Haïti occupe la partie occidentale de l'île d'Hispanolia qu'elle partage, pour 36 %, avec la République dominicaine. Ses habitants parlent le français et le créole alors que les Dominicains sont hispanophones. L'île a été découverte par Christophe Colomb en 1492. Les Espagnols éliminèrent en trente ans les Indiens Caraïbes et Arawak, qui furent remplacés par des esclaves noirs déportés par les colonisateurs français installés dans l'ouest d'Hispanolia à partir de 1670. Suivant l'exemple de la Révolution française, les Noirs se révoltèrent à partir de 1791 sous la direction de Toussaint Louverture. L'indépendance de Haïti, la première pour un pays noir, fut obtenue en 1804 par Jean-Jacques Dessalines, proclamé empereur sous le nom de Jacques Ier. Haïti connut de nombreux soubresauts et affrontements jusqu'à son occupation militaire par les Américains en 1915. De leur départ en 1934 à la prise du pouvoir en 1957 par François Duvalier (avec ses célèbres tontons macoutes), Haïti connut une nouvelle période très agitée. Sous le règne de « Papa Doc » puis de son fils « Baby Doc » à partir de 1971, et enfin des généraux Henry Namphy et Prosper Avril jusqu'en 1990, les Haïtiens vécurent, de plus en plus mal, sous des dictatures souvent sanglantes. Ils bénéficièrent enfin en 1990 d'élections placées sous contrôle international, grâce à une constitution démocratique adoptée en 1987. Elles portèrent au pouvoir le prêtre des bidonvilles, Jean-Bertrand Aristide, renversé un an plus tard par un général. L'intervention militaire américaine de 1994 rétablit le pouvoir de Jean-Bertrand Aristide qui fut remplacé aux élections de 1995 par un civil, René Préval. En 2000, le prêtre-président fut réélu dans des conditions controversées avec 91 % des voix. Il inaugurait une période de dictature et de violence, jusqu'à son départ forcé en avril 2004 sous la pression des Américains et des Français. Cette histoire agitée des XIXe, XXe et XXIe siècles explique au moins en partie que Haïti soit l'un des pays les plus pauvres du monde, 153e sur 173 d'après les Nations unies, alors qu'il comptera 760 habitants au km² en 2020…

Depuis l'un des petits avions qui relient Saint-Domingue à Port-au-Prince, la capitale haïtienne, il n'est pas nécessaire que le pilote signale le franchissement de la frontière pour comprendre qu'au-dessous défile désormais le paysage haïtien : il suffit de remarquer le moment où les arbres disparaissent brusquement. En quelques minutes, Haïti n'offre plus guère qu'une succession de monts chauves : cette île que l'on surnomma longtemps « la perle des Antilles » apparaît de l'avion comme un monde lunaire et raviné par des rivières sans eau quand il ne pleut pas. Par la route, le dépaysement est aussi brutal : quelques centaines de mètres pour passer de la forêt à un paysage de buissons rabougris en voie de désertification. Depuis des années, poussés par la misère et la nécessité dans un pays où de toute façon la loi n'existe plus depuis longtemps, les Haïtiens coupent les derniers arbres de leurs espaces ruraux pour survivre. Sur la frontière, les policiers dominicains guettent évidemment les immigrants clandestins attirés par les emplois touristiques de Saint-Domingue, mais ils appréhendent fréquemment des Haïtiens qui viennent couper clandestinement du bois. Occupés à leurs luttes et à leurs affrontements, les dictateurs (et apprentis...), les partis politiques, les milices tout comme les factions rivales, tous armés jusqu'aux dents, ne se sont jamais préoccupés, même en mots et discours, de la situation environnementale de la République. Ni, évidemment, des dizaines de milliers de morts entraînées par les seuls affrontements des vingt dernières années.

À ses nombreux malheurs engendrés par les Duvalier, dictateurs de père en fils, puis de Jean-Bertrand Aristide, prêtre défroqué qui, avec son avocate de femme, a accumulé avant d'être déposé environ 850 millions de dollars de fortune personnelle, sans doute pour « ses pauvres » de la Cité du Soleil qui l'ont porté au pouvoir dans les années 80, Haïti ajoute un des environnements les plus dégradés des Amériques. Au-delà des mots et de nos instruments de mesure occidentaux. Haïti, plus pauvre et plus déstructurée, plus déchirée que la plupart des pays africains, aux prises avec les luttes perpétuelles qui opposent ses élites et leurs troupes armées misérables, est un authentique cauchemar écologique qui se décline de toutes les façons possibles et imaginables. Bien que dans ce domaine, comme souhaite le montrer cet ouvrage, la concurrence soit rude, la République d'Haïti est l'un des rares États sur la planète où l'histoire du pays se confond totalement et en permanence avec la dégradation de la nature et de l'environnement.

Les arbres disparus

D'abord, donc, les arbres en voie de disparition. Dans la région de Bombardopolis, à l'extrême ouest de la république, les paysans en sont réduits depuis quelques années à déterrer les racines des arbres pour les transformer en charbon de bois, parce qu'ils ont déjà coupé les arbres depuis longtemps. Ils vendent ce charbon, celui-là et celui produit à partir des troncs qu'ils trouvent encore, pour gagner quelques gourdes, la monnaie locale qui n'a guère de valeur. La plupart des Haïtiens, notamment dans la région de Gonaïves et dans le Nord, cuisent avec ce combustible le peu de nourriture qui les empêche de mourir de faim. Les deux tiers des Haïtiens, surtout dans le Nord et dans l'Est, n'ont rien d'autre à leur disposition pour chauffer à peu près efficacement leurs aliments que ce charbon de bois qui se vend en sacs le long des routes. Depuis des années, les rares écologistes de ce pays défendent désespérément, avec l'aide de quelques agronomes courageux qui risquent souvent leur vie, ce qui reste de forêt. C'est-à-dire pas grand-chose, puisque la couverture forestière de Haïti est désormais inférieure à 1 %. Les arbres furent d'abord victimes de la culture de la canne à sucre et du café, puis d'une exportation non contrôlée qui a enrichi la classe dominante et des Américains. Maintenant le peu qui reste sert de « bois de feu », comme on dit en Afrique, ou de base au charbon de bois. Parfois, la compétition entre les paysans pauvres et le million de paysans sans terre se confond avec les affrontements des bandes armées politiquement rivales. Rares, les arbres sont également un enjeu dont il faut s'assurer le contrôle.

En 2005, tandis que les groupes armés s'affrontent toujours sous le gouvernement du nouveau et provisoire Premier ministre Gérard Latortue, les derniers arbres partent donc plus que jamais en fumée sous les gamelles dans lesquelles cuit plus souvent un mauvais riz que de la viande ou des légumes verts. Alors que, comme dans d'autres pays, le seul remède connu est (serait) à la fois simple et peu coûteux : des bouteilles de gaz et des réchauds rudimentaires pour assurer les cuissons familiales et la lessive, en zone rurale comme dans les bidonvilles de Port-au-Prince. Mais le gaz est trop cher pour la plupart des Haïtiens dont les trois quarts vivent en zone rurale, et les fours solaires, comme je l'ai constaté dans les camps de réfugiés au Pakistan, ne paraissent pas adaptés ou ne correspondent pas à la culture locale. Cuisiner au gaz demeure pour les Haïtiens pauvres – quasiment un pléonasme – un rêve inaccessible, alors que cette substitution, financée par les agences des Nations unies ou des organisations non gouvernementales, sauverait les arbres restants, en évitant que ne soient coupés les rares arbres replantés dans les espaces menacés par l'érosion éolienne et pluviale contre laquelle quelques agronomes isolés essaient de lutter sous protection de gardes armés. Les arbres, en fait, on ne les trouve pratiquement plus que sur quelques montagnes inaccessibles et évidemment dans les jardins des quartiers chics des hauts de Port-au-Prince, ou dans le sud du pays autour des villas de week-end des plus riches Haïtiens. Ceux-là ont les moyens de s'ombrager puisque les dernières statistiques montrent qu'au-delà des affrontements qui minent le pays 1 % de la population truste au moins 55 % de la richesse nationale. Voilà au moins une partie de l'explication à la situation.

Les ravages de l'érosion

Sur les cartes établies en 2002 et 2003 par Emilio Barisano, ingénieur de la société française Géostat, s'inscrit la progression des ravages de l'érosion. Chaque année, des pluies de plus en plus dévastatrices, en raison des modifications climatiques qui accroissent la violence des orages et des cyclones, s'abattent sur un relief où plus rien ne retient les sols cultivables. Sous la violence régulière des cataractes célestes, ces terres balayées ne s'arrêtent même pas dans les espaces plats et gagnent la côte. Résultat : chaque année, entre 37 et 40 millions de tonnes de terre s'en vont à la mer et 10 % seulement de l'eau qui tombe pénètre dans le sol. Le reste ruisselle rapidement sur les sols durcis faute d'être retenu par la végétation. Les conséquences sont multiples : d'abord la modification irrémédiable des microclimats de l'île ; ensuite, nombre de nappes souterraines vitales s'épuisent et, au cours des vingt dernières années, 400 des rivières de ce pays un peu moins grand que la Belgique ont disparu ou ne coulent que quelques semaines par an. Comme pour le bois, des affrontements pseudo-politiques opposent des paysans entre eux et des paysans avec les grands propriétaires pour le contrôle de ce qui reste d'eau : des bandes tuent pour le contrôle d'un simple canal d'irrigation. Cet assèchement progressif a atteint un niveau inquiétant depuis le milieu des années 90, entraînant la disparition des nombreux poissons d'eau douce qui constituaient l'ordinaire de nombreux habitants. Ces poissons meurent ou ne peuvent plus se reproduire et le nombre des espèces disponibles diminue. Dans la plaine de l'Artibonite, vers le nord, là où les rebelles de Guy Philippe ont lancé la rébellion au printemps 2004, les riziculteurs n'ont même plus assez d'eau pour leurs cultures. Un paradoxe pour un pays où il pleut quand même beaucoup pendant toute une partie de l'année. De toute façon, la plupart de ces riziculteurs sont en passe de disparaître parce que, chaque année, les États-Unis exportent à Haïti 200 000 tonnes de riz américain subventionné qui revient moins cher que le riz local sur les marchés.

Le même phénomène d'appauvrissement est constaté pour de nombreux fruits et légumes locaux dont les espèces se perdent peu à peu. La biodiversité cultivée et la biodiversité sauvage de l'île sont en chute libre, toutes les études des botanistes le rappellent. Cet appauvrissement touche également les plantes réputées médicinales, alors que 90 % des Haïtiens ne peuvent s'offrir le luxe d'acheter des remèdes en pharmacie. Mais les avertissements des botanistes se perdent dans le fracas des affrontements.

L'effondrement est également en cours pour la biodiversité faunistique : il n'y a pratiquement plus de mammifères sauvages et depuis la fin des années 70 une trentaine d'espèces d'oiseaux ont disparu ou quitté la partie occidentale de l'île. Haïti est désormais, du point de vue de la biodiversité faunistique, l'une des – sinon la – plus pauvres des îles Caraïbes. En cause, l'érosion, la dévégétalisation et la chasse pour vivre dans ce pays où tout le monde possède une arme, même rudimentaire.

Torrents de détritus

Autre paradoxe en cette île qui commence à manquer d'eau, chaque année, des milliers de personnes sont tuées par les inondations qui dévalent la moindre pente en torrents furieux, en emportant les rares jeunes arbres, la couche fertile de terre et les graines des plantes qui, en poussant ou repoussant, tiendraient un peu le sol. Exemple démonstratif : en septembre 2004 le cyclone Jane a inondé toute la région de Gonaïves et emporté ou noyé plus de 3 000 personnes alors que Saint-Domingue, touchée par le même cyclone, n'a déploré que quelques morts. Des dizaines de fois par an, à la moindre pluie d'orage se prolongeant plus d'une demi-heure sur Port-au-Prince juché sur plusieurs collines, des centaines de tonnes de détritus dévalent des hauteurs de la capitale et s'entassent dans les rues de la ville basse, là où vivent les plus pauvres. Dans la Cité du Soleil, le plus misérable des bidonvilles de bord de mer, là où Jean-Bertrand Aristide a bâti sa carrière de prêtre et préparé sa trajectoire politique, là où s'affrontent toujours des milices rivales, la densité est de dix personnes au mètre carré : certaines familles dorment chacune leur tour dans les masures qu'un orage sur deux submerge ou détruit, en y accumulant les ordures. Tout près des bidonvilles de bord de mer, sur une vingtaine d'hectares, s'étend la dernière « forêt » de Port-au-Prince. Elle appartient à une Américaine, écrivain et écologiste, qui voudrait la sauver et en faire don à l'État pour qu'elle devienne un parc national et un conservatoire botanique, une sorte de relique et de musée de ce que fut le pays boisé, avec sa diversité et ses essences précieuses, ses arbres profondément enracinés. Cette « forêt » est aujourd'hui cernée par plusieurs centaines de milliers de personnes misérables contre laquelle il faut la défendre les armes à la main. Dilemme difficile pour les forestiers qui veulent absolument sauver ce vestige parce que, de toute façon, disent-ils, « si nous cédions à la pression de la pauvreté, tous les arbres seraient coupés en moins d'un an et ensuite il n'y aurait plus rien ».

Eaux polluées

Dans cet univers écologiquement sinistré qui a perdu les deux tiers de ses terres cultivables depuis 1940, les maladies s'étendent chaque année tandis que prospère le trafic d'une drogue venue de Colombie et d'ailleurs. L'espérance de vie est descendue à 52 ans, ce qui s'explique en partie par une des mortalités infantiles, liée à l'insalubrité, les plus élevées du monde :

77 pour mille. Le sida, bien sûr, mais aussi toutes les affections contagieuses possibles et imaginables, y compris celles qui ont disparu du reste du continent américain. Tout le monde cultive, tout le monde se baigne, tout le monde se lave, tout le monde arrose les cultures et tout le monde fait sa cuisine dans des eaux qui figurent parmi les plus polluées du monde. L'état de l'eau reflète à la fois l'état de l'environnement et l'état d'un pays dont un écrivain haïtien se demandait en 2004 « si, en dépit des apparences, il existe vraiment ».

Officiellement, seulement 40 % des Haïtiens ont actuellement accès non pas à l'eau potable – critère occidental –, qui représenterait un luxe, mais disons à une eau à peu près salubre. Pour les privilégiés : eau minérale ou forage privé et profond. Une situation qui s'aggrave depuis le début des années 90. Partout dans le pays et encore plus dans les bidonvilles, on rencontre des cohortes d'enfants, garçons et filles, transportant de l'eau claire dans des seaux en plastique : un trésor, réservé aux plus riches ou, plus exactement, aux moins pauvres. Pour les autres, il reste l'eau des rivières-égouts, les puits et les réservoirs d'eau de pluie pollués. Très répandue dans une population qui compte 90 % d'analphabètes et 90 % de chrétiens, une croyance veut qu'un peu de jus de citron rende ces eaux buvables, même quand elles sont puisées dans des mares, dans la rue ou les rivières qui accueillent les égouts ou le déversement des toilettes…

Pour les mêmes raisons, et parce que les stations d'épuration sont rarissimes, les eaux littorales sont très polluées. Le tout-à-l'égout, quand il y a des égouts et non pas de simples rigoles à ciel ouvert, c'est la mer : ce qui entraîne, s'ajoutant à la réputation d'instabilité politique, la fuite des touristes. Dans une île qui fut, comme Saint-Domingue, leur paradis, les hôtels désertés le long des plages en constituent la preuve. Autre effet catastrophique : les poissons fréquentant la zone infralittorale, au plus près de la côte, sont de moins en moins consommables et leurs zones de reproduction dévastées. Il suffit de regarder le bord de mer à Gonaïves, dans le centre-ouest, ou à Cap-Haïtien, au nord, pour comprendre à quel point le littoral est abîmé. Un cloaque de moins en moins propice à la pêche, situation qui aggrave le chômage dans les petites villes côtières. Qualité d'eau de mer déplorable qui n'empêche pas les gosses de s'y baigner avec toutes les conséquences que cela implique pour leur santé, la pollution bactérienne s'ajoutant aux cocktails chimiques.

Dans le désordre politique et les affrontements, il est évidemment difficile à ce qui reste de l'administration d'assurer le ramassage des ordures ménagères et des déchets industriels, sauf dans quelques quartiers privilégiés de la capitale où ce sont souvent les orages qui se chargent de nettoyer les rues en direction de la ville basse. Il s'ensuit, tout d'abord, la prolifération des rats et la propagation de nombreuses maladies, surtout quand le soleil vient réchauffer les monceaux de détritus charriés par les eaux de ruissellement, ensuite, comme dans de nombreux pays du Sud, une extraordinaire accumulation des sacs et des lambeaux de plastique dispersés par l'eau et le vent et qui « décorent » le paysage.

Pollution atmosphérique

Il faut ajouter à tous ces malheurs la pollution atmosphérique engendrée par la circulation urbaine de Port-au-Prince et par les usines installées dans le pays, notamment autour de la capitale. Car évidemment, il n'existe aucune législation réglementant sérieusement les rejets des installations industrielles dans l'atmosphère. Pour cette raison et aussi pour tirer profit d'une main-d'œuvre encore meilleur marché qu'en Asie et d'une législation défiscalisées, de nombreuses sociétés américaines ou internationales ont installé des productions à Haïti. Les seuls chiffres fiables de ces installations concernent la période de 1970 à 1990, avec près de 350 nouvelles usines dont les productions, quand elles fonctionnent encore, sont immédiatement exportées sans le moindre profit pour la population, les bénéfices étant immédiatement réexportés eux aussi. C'est à la suite de cette période d'exploitation que des dizaines de milliers de Haïtiens ont fui leur pays sur des bateaux précaires pour gagner clandestinement d'autres pays de la région, notamment les États-Unis et la Guyane. Cela incita les Américains à intervenir de nouveau en envahissant Haïti avec une vingtaine de milliers d'hommes au mois de septembre 1994. En « plein accord » avec les autorités de l'île débordées par le désordre intérieur.

Toutes les usines, petites ou grandes, nouvelles ou anciennes, fonctionnent sans le moindre filtre ou la moindre protection : tout à la mer et dans les airs. Cela se voit, cela se sent. Le soir, avec en plus la contribution colorée et généreuse d'une centrale électrique dont l'existence n'empêche pas les coupures fréquentes, Port-au-Prince se recouvre d'un nuage de pollutions chimiques et de particules. Les émanations provoquent de nombreuses affections respiratoires. Sauf, bien sûr, dans les hauts de la capitale où vivent, au-dessus du nuage, les propriétaires de 4x4 aux vitres fumées et blindées[1] ; ils sortent, sous la protection de gardes privés, d'extraordinaires villas ressemblant souvent à des châteaux. Des châteaux forts hérissés de caméras...

Deux proverbes haïtiens, l'un en français, l'autre en créole, résument la situation de ce pays dont le Programme des Nations unies pour l'environnement a écrit en 2003 : « Le monde n'a aucune idée de l'horreur de la situation que vit Haïti. » Le premier : « Un nègre riche est un créole, un créole pauvre est un nègre » ; le second en créole : « À Haïti sé blan ki décide ». Le « Blanc » à Haïti, c'est l'étranger... Rien ne permet de penser que, du point de vue de la nature et de l'environnement comme du point de vue politique, la situation puisse prochainement changer. Car, comme l'expliquait un diplomate français pendant la crise du printemps 2004 : « Pour sortir du trou il faut déjà commencer par arrêter de creuser. »

Or, au printemps 2005, toutes les organisations non gouvernementales venues au secours d'Haïti ont plié bagage alors que les Nations unies estimaient à 12 % la part effectivement versée des fonds de développement promis un an plus tôt par un certain nombre de gouvernements américains et européens.

---

1. Oui, je sais, c'est à la fois une obsession et une constatation : partout, les pilleurs de richesses naturelles roulent en 4x4.

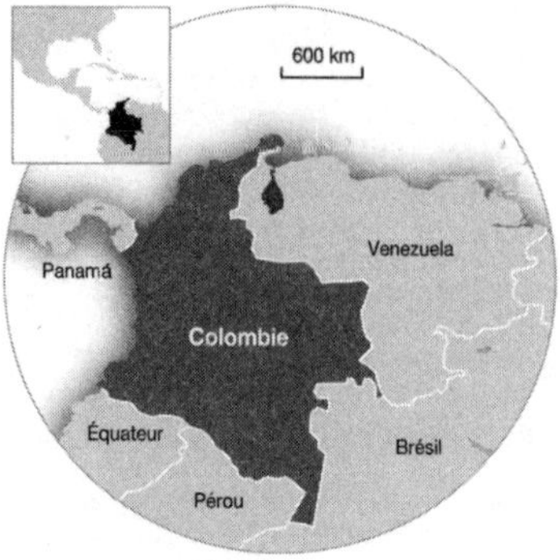

Chapitre 11
Amérique du Sud : Colombie

Colombie

Superficie : 1 141 750 km²

Capitale : Santa Fe de Bogotá

Population : 48 millions d'habitants dont 3 % d'Amérindiens, 6 % de Noirs, 19 % de Blancs et 72 % de métis. 38 habitants au km² mais 70 % résident désormais dans les villes dont 7 millions dans la capitale, installée à 2 600 m d'altitude.

Le territoire de la Colombie a été découvert en 1499 par les conquérants espagnols (sans Christophe Colomb, qui n'y est jamais allé). La conquête militaire débute en 1536. L'indépendance a été arrachée militairement à l'Espagne en 1819, année de l'égalité des droits donnée aux Amérindiens par Simon Bolívar. À cette époque, dans cette nation qui s'appelle la Grande-Colombie, sont réunis une partie du Pérou, de la Bolivie et de la Colombie, l'Équateur, le Venezuela et Panamá. L'ensemble éclatera peu à peu au XIXᵉ siècle. En 1863 sont créés des États-Unis de Colombie, qui ne regroupent plus que Panamá et la Colombie. Sous l'influence des États-Unis souhaitant contrôler le canal de Panamá, qu'ils finiront de construire après l'échec financier de Ferdinand de Lesseps, le Panamá proclame son indépendance en 1903. Depuis le début du XXᵉ siècle, la Colombie a connu

19 guerres civiles. Le pays a compté 31 500 décès par mort violente en 2004. Début 2005, il est dirigé par le président conservateur Alvaro Uribe Vélez, élu au suffrage universel direct.

La Colombie subit une guerre civile quasiment permanente depuis le mois d'avril 1948. Un affrontement commencé lors d'une révolte populaire, révolte sanglante qui s'est appuyée dès l'origine sur les masses paysannes. Lesquelles, encore aujourd'hui, constituent une majorité (même exilées dans les bidonvilles urbains) de la population. La paysannerie a dès cette époque perdu des dizaines de milliers d'hommes et de femmes tués par les forces de l'ordre. La guérilla, progressivement mise en place à partir de 1964, recrute également en grande partie dans ce monde paysan. Ce qui explique, dès l'origine des affrontements, les conséquences graves sur les écosystèmes forestiers, agricoles ou montagnards dévastés ou abandonnés par les agriculteurs allant grossir les banlieues pauvres des grandes villes, à commencer par Bogotá. Alors qu'un peu partout en Amérique latine les guérillas, les *focos* (foyers de résistance) préconisés par Che Guevara, ont peu à peu disparu, vaincues militairement par les pouvoirs en place ou absorbées par l'évolution vers la démocratie comme en Uruguay avec les Tupamaros, la rébellion n'a jamais déposé les armes en Colombie. Elle s'est installée, transformée puis radicalisée au début des années 70 avec l'aide de cadres formés à Cuba et à l'université Patrice-Lumumba de Moscou. Cette guérilla reste l'un des affrontements permanents les plus anciens au monde avec les combats du Cachemire que se disputent l'Inde et le Pakistan, la résistance du peuple karen en Birmanie et évidemment le conflit entre les Palestiniens et les Israéliens.

Cette guérilla-guerre, régulièrement renouvelée, oppose depuis une quarantaine d'années les révolutionnaires plus ou moins marxistes et les pouvoirs politiques, plus ou moins de droite, dictateurs ou élus, qui se succèdent à la tête de la Colombie depuis une cinquantaine d'années. L'Europe en apprend sporadiquement quelques combats, les négociations avortées, les territoires plus ou moins « libérés », les prisonniers dans les geôles du pouvoir, les exactions de milices paramilitaires, les morts de tous les bords et quelque 3 000 otages aux mains des guérilleros. Le cas le plus connu est celui de la Franco-Colombienne Ingrid Betancourt, enlevée avec sa directrice de campagne par les FARC, les Forces armées révolutionnaires de Colombie, le 22 février 2002, pendant la campagne pour l'élection présidentielle qu'elle menait pour le parti Vert colombien. Cet enlèvement a contribué à faire un peu mieux expliquer et donc connaître la situation difficile d'un pays qui vit au rythme des succès ou des échecs des FARC, dont les premiers groupes sont apparus en 1964. Ils comptent aujourd'hui entre 15 000 et 20 000 combattants.

Ils ont été rejoints un peu plus tard par d'autres clandestins, ceux de l'ELN, une « armée de libération nationale » qui regroupe entre 5 000 et 7 000 combattants. Ce conflit politico-militaire entretient une situation difficile et tragique pour la majorité des Colombiens. Ils sont confrontés à une misère et à une violence permanentes, surtout depuis la tentative avortée à la fin des années 80 de transformer les FARC en parti politique légal, qui s'est traduite par l'assassinat de plusieurs milliers de ceux qui avaient fait le choix du combat politique à visage ouvert. La Colombie est l'illustration du drame vécu par ces pays dont les écosystèmes et les milieux naturels se dégradent au même rythme que se délitent leur tissu social et leur tissu politique. Elle est aussi l'illustration de la perte des savoirs et de la connaissance des milieux naturels provoquée par la guerre et surtout par les migrations et déplacements, qu'elle provoque. Cette perte de savoirs concerne également les semences traditionnelles qui échappent généralement aux circuits marchands. La biodiversité est, comme le pays, en état d'insécurité maximale : des variétés de céréales, de fruits et de légumes disparaissent.

Cocaïne et politique

La situation est d'autant plus complexe que l'une des ressources principales du pays est progressivement devenue la culture du coca, un arbuste dont les feuilles fournissent le chlorhydrate de coca qui sert de base à la préparation de la cocaïne. La Colombie exporte actuellement entre 50 et 60 % de la production mondiale de cette drogue qui pèse très lourd dans l'activité économique, directement et par le biais du recyclage de l'argent sale. Une activité, une culture et une élaboration régentées par les narcotrafiquants. Un narcotrafic dont il se dit généralement que tout le monde profite plus ou moins : les révolutionnaires, les milices d'autodéfense d'extrême droite et de nombreux responsables politiques locaux ou nationaux. Les FARC ont commencé par prélever un « impôt révolutionnaire » sur la culture du coca avant que certains groupes s'impliquent un peu plus dans cette activité illégale qui fait vivre une partie du pays, puisque la drogue est élaborée sur place. Mais il est vrai aussi, il faut le remarquer au passage, que les autorités et les Américains ont tendance à laisser croire que tous les guérilleros sont des trafiquants…

Les « cocaléros » – qui ont un syndicat agricole ! – peuvent être des paysans, des paysans liés aux forces paramilitaires d'autodéfense (contre les rébellions), ou des paysans-révolutionnaires enrôlés dans les FARC. La confusion règne, totale et permanente parce qu'il faut vivre, comme j'ai pu le constater en 2002 au cours d'un bref séjour dans la zone « libérée » (grande comme la Suisse, autour de Neiva) du centre-sud du pays. Dans cette zone démilitarisée (et sans coca), le président colombien de l'époque avait laissé s'installer une administration rebelle pour faciliter des négociations qui ont échoué.

Parce que la rébellion qui perdure représente une menace géopolitique et idéologique en Amérique latine aux yeux de la Maison-Blanche, parce que les États-Unis ne supportent pas de représenter la plus importante part de marché du trafic de drogue en provenance de Colombie, les Américains se mêlent depuis quelques années des conflits intérieurs du pays. Officiellement, bien sûr, ils ne font que prêter assistance aux pouvoirs colombiens qui se succèdent, pour éradiquer la production des feuilles de coca et les laboratoires clandestins. Dans les faits, le matériel et la formation des militaires et policiers colombiens par des « civils » américains détachés des Forces spéciales pour éradiquer les narcotrafiquants servent aussi à lutter contre la guérilla des FARC, dont la plupart des soldats vivent dans des zones forestières et agricoles. En novembre 2004, le Congrès américain a autorisé la présence de 800 membres des Forces spéciales – en civil – dans le pays. Ils s'ajoutent aux « spécialistes » de plusieurs sociétés militaires privées qui opèrent en Colombie, notamment ceux de la Dyncorp, propriété de Computer Sciences Corporation (sponsor d'une équipe cycliste !) sous contrat avec le département d'État américain. Des « cowboys » qui possèdent des avions, font du contrôle photo aérien, organisent l'interception des communications téléphoniques, la maintenance de la surveillance des installations pétrolières de la Texaco visées en permanence par des attentats, l'assistance aux milices d'autodéfense et le « traitement » des plantations de coca. La défoliation systématique de certaines régions a donc également pour objectif de tenter de mettre les guérilleros à découvert. Voilà pourquoi plusieurs zones ont été traitées « par erreur » alors qu'elles ne se prêtent pas à la présence du coca, ni à celle du pavot, parfois également cultivé en Colombie.

Défoliation par avion

Cette addition d'intérêts risque de provoquer une catastrophe écologique – et humaine – qui touchera une superficie de plus en plus importante de la Colombie. Après des essais – concluants – menés à partir de 1996, le gouvernement du pays et ses « alliés techniques » ont décidé de soutenir et de financer, avec l'autorisation du Congrès américain, le Plan Patriote, qui a remplacé le Plan Colombie. La campagne de défoliation systématique des communes rurales soupçonnées d'abriter les cultures de coca (et des guérilleros) s'est intensifiée, d'abord avec des produits extrêmement nocifs comme le Paraquat, le Tébuthiron ou l'Hexonine, puis avec le célèbre désherbant Roundup de la non moins célèbre firme américaine Monsanto. Ce produit est présenté comme « biodégradable », mention qui a été interdite par la justice américaine dans l'État de New York. Des avions et des hélicoptères désherbent les zones, au nord comme au sud, suspectées d'abriter les plantations de coca. Ils ont commencé par les provinces où est exploité le pétrole. La méthode est spectaculaire dans ses effets : au bout de quelques semaines au plus, étant donné les concentrations de produit utilisées, tout ce qui pousse meurt (les plantes herbacées) sur pied ou perd ses feuilles, qu'il s'agisse des arbres ou des arbustes. Ce qui permet donc de supprimer, au moins provisoirement, la couverture végétale des zones où se cachent les unités ou les camps de rebelles. Évidemment, sur le plan écologique, les dégâts vont bien au-delà de la disparition des pieds de coca dont on dit que la superficie aurait diminué de 40 % par rapport à l'année 2000. Mais sans que la production baisse malgré, chiffres officiels, la destruction de 200 000 hectares depuis 1996. Donc, quelqu'un ment…

Les traitements sont dangereux à plusieurs titres. D'abord parce que les communes visées font fréquemment l'objet de mitraillages ou de bombardements dissuasifs par hélicoptère pour éviter que les avions arroseurs servent de cible. Ensuite, parce que les avions et les hélicoptères volent souvent à assez grande hauteur pour éviter les tirs des FARC et arrosent donc un peu n'importe où ; parce que les sautes de vent sont aussi nombreuses qu'imprévisibles, et enfin parce que les informations précises sur l'emplacement des plantations illégales ne sont pas vraiment fiables ou volontairement biaisées par des informateurs corrompus. La presse colombienne s'est assez souvent fait l'écho de ces « erreurs » et de leurs conséquences. Donc, pour de multiples raisons, les aspersions sont toujours très larges par rapport aux objectifs officiels. Et pour avoir la certitude d'être « efficaces », les « tueurs de coca » passent jusqu'à une dizaine de fois sur les mêmes espaces. C'est d'autant plus grave pour les populations touchées que les spécifications théoriques de l'usage du produit défoliant pour l'utilisation aérienne ne sont jamais respectées. Les fabricants préconisent une quantité maximale de 2,5 litres (dilués) à l'hectare, alors que les contrôles effectués par les écologistes et des juristes colombiens font apparaître des moyennes allant de 10 à 13 litres à l'hectare.

Les dégâts sur les cultures

Dans ces conditions d'imprécision et aussi parce que les responsables de la lutte anticoca pensent souvent qu'il faut punir les ruraux, coupables à la fois d'être à la racine du trafic et d'aider les rebelles, les aspersions d'herbicide touchent donc également les cultures des paysans. Elles atteignent aussi souvent des implantations de villages indiens, notamment dans le sud du pays, vers la frontière de l'Équateur. Ces bavures sont de plus en plus nombreuses sans que soit résolu le problème le fond, car après les protestations portant sur l'extrême nocivité des produits utilisés pendant les premières années, le recours au glyphosate (nom générique du Roundup) n'élimine que les plantes herbacées et ne provoque donc que la chute quasi immédiate des feuilles de coca. Sans, au premier passage au moins, tuer le coca : les planteurs le coupent quasiment au ras du sol pour qu'il ait 50 % de chances de repousser si la dose est restée moyenne.

Conséquences évidentes des aspersions aléatoires qui sont la règle, depuis l'année 2000 qui semble servir de référence à tout le monde : des dizaines de milliers d'hectares de manioc, de yucca, de maïs, de haricots, de bananiers et de cultures vivrières sont détruits chaque année par les produits dispersés. Dans de nombreux villages ayant subi les défoliants, les volailles et les élevages de poisson ont été décimés, tout comme des espèces sauvages, comme le singe ; quelques heures ou quelques jours après le passage des avions. Les espèces aquatiques, poissons et amphibiens, meurent dans les rivières et les étangs où le produit, qui n'est pas complètement biodégradable contrairement à ce que prétend le fabricant, s'accumule lentement. Les dégâts dans l'avifaune, qui consomme les espèces mortes ou intoxiquées, complètent cette triste liste.

Mitraillages, bombardements et arrosages nocifs poussent les paysans au départ. Pour la seule année de 2004, les observateurs des Nations unies estiment que 35 000 paysans (30 000 en 2003) ont été contraints de quitter leurs terres et leurs villages situés en bordure des forêts après des séances de défoliation, laissant paradoxalement le terrain aux guérilleros et abandonnant leurs cultures traditionnelles et leurs semences qui sont perdues pour la collectivité. Entre les conséquences des affrontements, les raids menés par les forces armées et la destruction des zones cultivées, les agences de l'ONU évaluent le nombre des personnes déplacées à un peu plus de trois millions depuis le début des années 90 et la surface agricole abandonnée à 700 000 hectares. Il y a quinze ans, la Colombie exportait du riz, en 2004 elle en a importé 500 000 tonnes. Autre paradoxe : la défoliation d'un hectare coûte entre 5 000 et 6 000 dollars (prix qui ne tient évidemment pas compte des dégâts), soit largement de quoi, sur la même surface, financer des cultures de substitution financièrement rentables pour les agriculteurs, ces cultures – trop rares – étant le seul moyen d'arracher les paysans à la culture des plantes à drogue.

Mais l'argent destiné à la mise en place de cultures de substitution, celles (comme l'exploitation pour produire des cœurs de palmier) qui permettent de fixer les sols menacés par l'érosion, de maintenir la biodiversité et de faire vivre les villages, parvient rarement dans les communes concernées. Les subventions sont grappillées au niveau gouvernemental par le ministère du Développement alternatif et, au niveau régional, par des fonctionnaires corrompus. Cela concerne également les centaines de millions d'euros fournis par l'Europe et dont environ 10 % sont arrivés dans les campagnes. Même les aides à l'arrachage, 38 000 hectares en 1994, 4 000 en 2003, s'évaporent. À 2 500 dollars l'hectare, les intercepteurs font de belles affaires…

Faute de mieux, d'autres paysans, après le passage des avions ayant détruit soit leur plantation de cocas, soit leurs petites exploitations agricoles, soit enfin, ironie amère de cette histoire, les cultures de remplacement au coca chichement financées par des agences internationales de développement, se réfugient dans les forêts. Pour vivre et survivre, ils défrichent des espaces forestiers pour planter des cocas moins facilement repérables par les avions ou les hélicoptères, ce qui a pour premier effet d'accroître la déforestation dans des zones fragiles menacées par l'érosion. Ils utilisent, en prime, une débauche de produits phytosanitaires, engrais et pesticides, fournis par les narcotrafiquants, car le coca ne pousse pas comme du chiendent et doit bénéficier de beaucoup de soins agrochimiques, surtout en milieu forestier, pour donner des récoltes suffisantes et échapper aux parasites. Ces produits, utilisés en trop grandes quantités, polluent un milieu fragile, sans parler des effets sur la santé des « cocaléros » qui les manipulent. Cependant les paysans, qu'ils cultivent ou non du coca, sont également touchés par les effets du glyphosate dont les notices d'utilisation précisent que « des quantités minimes de ce produit peuvent causer des dommages importants à des cultures » et qu'il faut « éviter les contacts avec la peau et les yeux ». Guère étonnant que des milliers de paysans souffrent de troubles oculaires, d'ulcères cutanés, de perte de cheveux et de diarrhées. Les dispensaires signalent également, depuis la fin des années 90, une augmentation de plus de 50 % des affections des voies respiratoires dans les zones touchées par les défoliations, ainsi que, plus récemment, des fausses couches et des naissances de bébés présentant des malformations.

Catastrophe écologique à venir

Cette histoire colombienne pourrait aussi s'acheminer vers un autre cauchemar écologique, car les narcotrafiquants qui raffinent entre 500 et 600 tonnes de feuilles de coca par an sont tout sauf des petits bricolos, ne serait-ce que parce qu'ils disposent de moyens financiers importants comme de « scientifiques » et de techniciens royalement payés. Alors, face au glyphosate, ils ont ou auraient (le seul doute concerne l'origine des scientifiques) tout simplement réussi à débaucher ou à soudoyer des chercheurs de… Monsanto. Des experts qui ont quitté cette société, ou une autre de ce secteur, après avoir travaillé depuis le milieu des années 90 pour mettre au point des maïs et d'autres plantes génétiquement modifiées de façon à résister à, devinez quoi… au glyphosate, désherbant mis au point, entre autres, par la multinationale américaine. Se voyant offrir des ponts d'or, ces spécialistes se sont donc attaqués à la mise au point dans des laboratoires clandestins installés au cœur de la forêt colombienne, avec tout le confort moderne, de variétés de coca capables, comme le maïs transgénique, de résister au glyphosate, qu'il s'agisse de la « marque » Roundup ou d'une autre.

Tous les témoignages recueillis au cours de l'année 2004 dans le sud-est de la Colombie tendent à démontrer que des arbustes de coca transgéniques ont commencé à prendre le relais des arbustes visés par les épandages d'herbicide. D'après une image diffusée, une seule fois, au mois d'août 2004, par une chaîne de télévision privée colombienne, ces nouveaux plants de coca sont superbes : ils atteignent près de trois mètres de haut et arborent deux fois plus de feuilles que les arbustes ordinaires. Pendant qu'ils y étaient, les experts agrochimistes en ont profité pour « améliorer » les variétés de coca génétiquement modifiées, amélioration qui a permis d'augmenter le rendement en produit actif, la substance qui permet d'élaborer la cocaïne. Sur ces nouveaux arbustes, les feuilles récoltées ont un rendement presque deux fois supérieur à celui des feuilles du coca ordinaire.

Les fables officielles, celles qui sont propagées plus ou moins discrètement par les milieux gouvernementaux, offrent deux variantes. D'abord, expliquent certains, les narcotrafiquants auraient réussi à recruter des scientifiques de l'Est laissés pour compte par la chute du communisme. Explication un peu courte, car ni l'ex-Union soviétique ni l'ex-Allemagne de l'Est ne disposaient de beaucoup d'agrochimistes spécialisés dans ce type de recherche au moment de la débâcle idéologique et économique du bloc communiste. L'autre explication est plus amusante mais ne résiste guère à l'examen : une dizaine d'années d'épandage d'herbicide aurait tout simplement provoqué une mutation de la plante ou la sélection naturelle d'une nouvelle variété. Outre que la période d'exposition à l'herbicide n'est pas suffisante pour entraîner cette mutation et que l'on n'a pas encore remarqué la naissance d'une « nouvelle herbe » en France dans les fossés traités depuis des années par le Roundup ou les produits similaires par les responsables municipaux, cette théorie n'explique pas que le « nouveau coca » soit devenu résistant au glyphosate.

Coca transgénique et crime contre l'humanité

Toutes les pistes et hypothèses ramènent donc à des scientifiques ayant été formés dans un laboratoire de l'une des multinationales ayant mis au point la méthode de décryptage du génome d'une plante, qui permet la ou les modifications génétiques entraînant la résistance à un produit ou à un parasite. Et comme la particularité de la nouvelle plante est essentiellement de résister à l'effet du Roundup, les soupçons ne peuvent que se reporter sur une équipe ayant auparavant (version optimiste) travaillé pour Monsanto. La version pessimiste est qu'ils y travaillent toujours. Même si une rumeur persistante fait état de la présence, tout à fait plausible, de quelques agro-spécialistes venus d'Akademgorodok, la cité des savants de la Sibérie russe. Les experts gouvernementaux colombiens, qui voudraient bien que cette affaire, soupçonnée depuis 2002 et découverte en 2004, ne s'évente pas, estiment que la mise au point de cette nouvelle plante a dû mobiliser un investissement de 150 à 180 millions de dollars. Ce qui ne représente pas grand-chose, en fin de compte, pour les trafiquants de drogue qui veulent préserver une véritable rente de situation tant que le désordre politique du pays persiste. D'autre part, il est évident que si la culture du coca génétiquement modifié s'étend à travers le pays, les Américains n'auront plus la moindre justification pour aider les Colombiens à lutter contre la guérilla.

Évidemment, les trafiquants n'ont pas de préoccupation écologique et nul ne sait comment les gènes modifiés vont se comporter dans la campagne et la forêt colombienne, dans la mesure où les arbustes quasiment devenus de petits arbres vont peu à peu coloniser le milieu naturel sans le moindre contrôle scientifique. D'autre part, autre aspect écologique des défoliations, nul ne sait comment les arbres des régions arrosées, à force de perdre une grande partie de leurs feuilles à chaque usage de défoliant, vont réagir à la longue. Des espaces forestiers souvent aspergés montrent déjà des signes de net dépérissement. La faune sauvage paraît également être touchée par les effets du glyphosate, les oiseaux et les petits mammifères étant pour l'instant les plus concernés. Et ceci toujours dans les zones ayant fait l'objet de plusieurs opérations ou bien de défoliations répétées à quelques jours de distance par un produit contenant en plus un fixateur qui prolonge sa présence sur les feuilles par l'intermédiaire desquelles pénètre le poison.

Certaines populations indigènes sont également affectées par ces opérations. Un malheur de plus pour les 800 000 Indiens qui vivent, très mal, un peu partout en Colombie. Ces Indiens sont en lutte ou plus exactement en résistance permanente et difficile contre les narcotrafiquants, les FARC, les milices paramilitaires, l'armée et les pouvoirs qui se succèdent à Bogotá. Des chercheurs ont constaté en 2004, après trois années d'étude, que des indigènes vivant de l'autre côté de la frontière colombienne, en Équateur, présentaient des modifications génétiques après avoir été traités plusieurs fois « par erreur » par les avions venus de Colombie. Mais les défoliants ont aussi pour effet, affirment des responsables indiens et des botanistes, de faire disparaître peu à peu bon nombre de plantes médicinales utilisées par une grande partie des quelque 88 ethnies qui composent la fragile mosaïque indienne du pays. Or, ces plantes, qui font partie de la biodiversité colombienne, sont essentielles à la vie quotidienne de dizaines de milliers d'Indiens, notamment ceux qui vivent dans le sud de la Colombie. De plus, comme de nombreux « peuples premiers » d'Amérique latine, ces Indiens espèrent – espéraient – pouvoir un jour exploiter eux-mêmes cette pharmacopée de la nature, ce qui ne sera évidemment pas possible si de nombreuses espèces, curieusement les plus actives, disparaissent sous les effets répétés des glyphosates.

Les affrontements entre le pouvoir et la guérilla s'imbriquant de plus en plus avec les activités des narcotrafiquants sont donc directement responsables de la déstructuration du monde paysan, de la disparition progressive des cultures vivrières et du déclin de la biodiversité. Des avocats et des militants écologistes colombiens ont tenté de faire interdire les aspersions du pays par les herbicides : ils avaient réussi à convaincre un tribunal d'ordonner une suspension des opérations, mais le Conseil d'État, au mois de novembre 2004, a cassé cette décision, ce qui a permis aux avions Turbo Thrush de reprendre leurs activités au-dessus du pays.

Rien ne s'opposait donc à la dernière opération de lutte aérienne menée fin 2004 dans la région de Villagarzon, dans le sud de la Colombie, sous le nom d'Onyx 4, qui a entraîné la destruction (provisoire) de 14 000 hectares de coca et la destruction de 33 000 hectares de bananiers, de maïs et de cacaoyers…

Défoliants dangereux à long terme pour lutter contre une guérilla, voilà qui rappelle les activités américaines au Vietnam au début des années 70. Ceci et tout le reste expliquant que les États-Unis aient contraint le gouvernement colombien à signer un accord prévoyant que la Colombie refusera de déférer un citoyen américain devant la Cour pénale internationale pour « participation à un crime contre l'humanité ».

DEUXIÈME PARTIE

CHAPITRE 1

L'impossible décompte des guerres...

Après avoir passé en revue une quinzaine de pays, une quinzaine de guerres intérieures ou mettant en cause au moins deux nations s'affrontant les armes à la main, nous restons hélas bien loin du compte des conflits qui perdurent à travers le monde et encore plus loin du compte de ceux dont les effets se prolongent sur le milieu naturel pendant des années. Je n'ai même pas fait le tour de tous les affrontements dont j'ai pu constater les dégâts environnementaux au cours des vingt dernières années. Quelques chiffres suffisent pour souligner l'inflation de la montée des conflits : en 2005, pour séparer des belligérants, les forces des Nations unies étaient présentes dans seize points du globe par l'intermédiaire de 65 000 militaires venus de tous les pays en application d'un mandat du Conseil de sécurité. Ils se trouvent dans des lieux aussi oubliés que la Géorgie, Chypre, le Liban ou le Sahara occidental. Mais ce compte-là n'est pas suffisant pour dessiner l'image d'une planète en guerre contre elle-même, il s'en faut de beaucoup.

Toujours en 2005, le Haut Commissariat pour les réfugiés, le HCR, gérait des camps de réfugiés dans 62 pays ; donc 62 pays en train de terminer ou de digérer difficilement une guerre. En 1993, les Nations unies ne répertoriaient des camps des réfugiés que dans 27 pays. Une augmentation de 35 pays touchés en une dizaine d'années. Pour un total de 17 millions de réfugiés de par le monde, ce chiffre n'incluant pas les Palestiniens en Jordanie, au Liban, en Syrie ou ailleurs, pris en charge par un organisme particulier des Nations unies, l'UNWRA, dans des camps aussi provisoires que « permanents » pesant sur l'environnement et le destin de ceux qui y sont parqués depuis 1948. Il suffit d'en visiter un au sud d'Amman en Jordanie pour prendre la mesure des dégâts, sur les familles et sur les ressources naturelles. En 1993, les réfugiés se trouvant sous la protection du HCR vivaient dans des camps en moyenne depuis neuf années. En 2005, cette moyenne dépassait quinze ans. Des chiffres qui rappellent à quel point les conflits perdurent, y compris dans leurs conséquences sur les hommes et sur l'environnement, puisque le HCR doit maintenant intégrer, avec un succès tout relatif, à son action de sauvetage des hommes, des mesures pour diminuer l'impact de ces camps sur la nature et l'environnement. Mais, déjà aux prises avec des difficultés financières, avec l'aide du PAM, le Plan d'aide alimentaire mondial et des ONG humanitaires, chacun de ces organismes ne dispose que de très faibles moyens pour limiter les impacts sur l'environnement.

Ces premiers chiffres sont insuffisants pour exprimer la réalité de toutes les guerres et conflits. Pour deux raisons : d'abord le HCR ne peut intervenir et installer officiellement des camps de réfugiés qu'à la demande d'un pays. Cette demande émane en général de celui qui supporte l'arrivée des réfugiés. En général, car le pays « receveur », pour des raisons politiques diverses, ne souhaite pas toujours que la présence des réfugiés soit officialisée ou que les personnes déplacées soient, en quelque sorte, définitivement fixées sur son territoire. Ainsi, lors de l'afflux massif des réfugiés kosovars en Macédoine, il fallut des semaines pour que les responsables de ce pays autorisent le HCR à prendre en charge des « camps » qui s'étaient spontanément constitués avec l'aide des militaires de l'Otan. Ensuite, second point important, le HCR n'a pas officiellement compétence pour prendre en charge ceux que les spécialistes nomment les « réfugiés intérieurs », terme qui désigne les personnes déplacées à l'intérieur d'un pays par des conflits de type guerre civile ; sauf, ce qui reste très rare, quand le gouvernement concerné fait appel au HCR ou bien quand le pouvoir a totalement disparu, comme en Somalie. Le total des guerres et des conflits internes est donc largement supérieur à l'addition des interventions des Nations unies, de celles du Haut Commissariat aux réfugiés ou même de celles de Médecins sans frontières et de Médecins du monde. Les plus récentes évaluations répertorient une centaine de petits et grands conflits armés à travers la planète, et ce chiffre ne tient même pas compte des coups d'État qui laissent aussi leurs traces sur l'environnement. Tant de guerres que l'écho de certaines ne parvient pas jusqu'en Europe, comme celle, par exemple, qui a ravagé pendant cinq ans, jusqu'en juillet 2003, les 28 000 km^2 des îles Salomon dans le Pacifique.

Guerres oubliées

Qui sait, ou se souvient, par exemple, que des conflits se poursuivent au Bhoutan, au Yémen, en Azerbaïdjan, au Népal, au Cameroun, en Birmanie ou en Thaïlande ? Ils constituent ce que les humanitaires appellent les « guerres oubliées ». Oubliées par les politiques, les télévisions et les journalistes, elles ne font pas moins de victimes et détruisent d'autant plus l'environnement qu'elles sont ignorées. Entre le milieu des années 60 et le début des années 90, le nombre des conflits armés a été en constante augmentation. Après une petite période de décrue, les chiffres sont repartis à la hausse et, surtout, la durée des guerres s'est allongée. Avec une nouvelle tendance inquiétante : plus les ressources naturelles d'une région sont importantes, plus les risques d'un conflit augmentent. Après une période pendant laquelle la destruction ou le pillage de la nature a essentiellement été une conséquence, un dégât collatéral des guerres, le pillage de cette nature, au sens très large du terme, est devenu progressivement une cause de guerre. Les études menées par les organisations humanitaires et les Nations unies tendent à prouver que les conflits les plus violents se déroulent de plus en plus fréquemment dans des zones possédant d'importantes ressources naturelles et de préférence inaccessibles ou au moins très éloignées des grands centres urbains. Commentaire d'un rapport de la FAO paru au début de 2005…

« À l'intérieur des pays, les zones qui ont le plus de probabilité de connaître un conflit armé sont généralement celles dont les caractéristiques offrent des moyens et/ou des motifs de faire la guerre. Ces zones comprennent les lieux reculés où les insurgés peuvent se cacher et exploiter les ressources naturelles précieuses pour financer leurs activités militaires. L'inaccessibilité et le couvert végétal peuvent aussi favoriser des activités clandestines lucratives, comme les cultures illicites et la contrebande. Les peuples peuvent recourir à la violence pour acquérir le contrôle des ressources naturelles ou parce qu'ils se sentent abandonnés ou maltraités. Souvent, les motifs sont multiples et changeants, car ils associent des dimensions politiques, religieuses ou ethniques avec des incitations personnelles, telles que la recherche d'un revenu, de la richesse ou d'un statut, le désir de vengeance ou de sécurité. »

De la part d'un organisme officiel, on ne saurait mieux expliquer qu'une partie des conflits qui ravagent encore l'Afrique, ceux que nous avons décrits et d'autres, ou encore ceux qui secouent l'Asie ou l'Amérique latine deviennent de plus en plus fréquemment ce que l'on pourrait qualifier de « conflits de droit commun ». Ces affrontements utilisent des prétextes (ou des réalités) politiques ou religieux pour masquer des pillages organisés. Cela ne simplifie ni la résolution des conflits ni la prévention des dégâts environnementaux, dans la mesure où beaucoup de gens ou d'organismes, voire d'États, ont intérêt à ce que les affrontements se prolongent, soit à l'instigation des grandes multinationales lorgnant sur une ou plusieurs richesses, soit à l'instigation ou avec la bénédiction d'un ou de plusieurs pays tiers qui tirent bénéfice des trafics ou du commerce de l'armement. Coupables : des nations du Nord (souvent) ou du Sud (parfois), d'où opèrent les sociétés en question ou bien par lesquelles passent un ou plusieurs trafics, sur lequel il leur est possible de prélever une dîme, officieusement ou officiellement. La grande majorité des guerres génère désormais des profits qui sont généralement prélevés sur les ressources naturelles. De là à penser ou à imaginer que certains grands pays ou certaines multinationales déclenchent ou entretiennent des conflits pour vendre des armes ou pour exploiter plus efficacement ou illégalement des richesses naturelles…

Les forêts au cœur des guerres

Le cas des forêts répond parfaitement à ce type d'interrogation. Elles sont au cœur d'une part importante des affrontements actuels. En tant que refuge, nous l'avons vu, ou comme enjeu d'exploitation incontrôlée comme, par exemple, au Liberia et au Congo. Une vingtaine des conflits en cours en 2005 avait le milieu forestier pour théâtre ou pour enjeu, ce qui revient au même. Pour imaginer les dégâts, collatéraux ou d'exploitation illégale, il suffit de savoir qu'une guerre civile dure en moyenne sept ans et que, statistiquement, la moitié des guerres civiles arrêtées par des accords locaux ou internationaux reprennent dans les trois ans qui suivent « la paix ». Le bois n'est pas obligatoirement le seul motif des exploitations et destructions, mais en règle générale, la recherche des diamants, de l'or, de l'ivoire, des minerais précieux comme le coltan pour l'informatique entraîne la destruction des espaces boisés par l'ouverture de pistes nouvelles et par l'utilisation des arbres comme combustible pour les mineurs et les chasseurs.

Au cours des vingt dernières années, les conflits développés en zone forestière importante ont concerné trente-quatre pays : de la Papouasie-Nouvelle-Guinée au Sri Lanka en passant par le Cambodge, le Mexique, les Philippines, les îles Salomon, le Nicaragua ou le Myanmar (nom officiel de la Birmanie depuis la fin des années 80). Dans ce pays tenu depuis des dizaines d'années par une dictature militaire, la longue lutte entre l'armée et les rebelles karens se fait au détriment de la forêt depuis une cinquantaine d'années. Depuis le début des années 50, le peuple karen, depuis longtemps largement converti au catholicisme ou au protestantisme, se bat le long de la frontière qui sépare le Myanmar de la Thaïlande. Une armée d'une centaine de milliers d'hommes lutte contre – l'évaluation est malaisée – une quinzaine de milliers de combattants de l'Armée de libération du peuple karen, un peuple dont on estime qu'il regroupe entre 3 et 8 millions de personnes, bien que le dernier recensement remonte à 1947. Pour les débusquer, les militaires birmans brûlent régulièrement les forêts et les villages. Les Karens chassés de chez eux s'enfoncent encore plus profondément dans la forêt qu'ils défrichent pour établir de nouvelles zones de culture plus ou moins hors de portée de l'armée. Les militaires profitent de la situation et de la corruption du régime pour organiser depuis longtemps une exploitation aussi illégale qu'intensive des bois précieux de cette région, bois brut ou débité dont l'essentiel part à l'exportation vers l'Europe, l'Australie et les États-Unis.

Dans cette région, la forêt est donc de plus en plus morcelée et dévastée par les uns et les autres. Et de l'autre côté de la frontière, en Thaïlande, onze camps de réfugiés regroupant plus d'une centaine de milliers de personnes pèsent également sur le milieu forestier et l'environnement. La guerre des Karens, et celles de quelques autres minorités du pays, fait partie des guerres totalement oubliées. Sauf de quelques multinationales comme les importateurs de bois et, par exemple, de Total, qui profite de la dictature pour exploiter à la fois les populations et les ressources naturelles. Si un jour la courageuse responsable de l'opposition, prix Nobel de la paix, Aung San Suu Kyi, réussit à parvenir au pouvoir, elle héritera d'un pays ravagé et pillé de ses richesses naturelles. Entre autres, la faune sauvage est en voie rapide de disparition, parce qu'elle sert de nourriture aux militaires mal approvisionnés et aux rebelles, parce que les écosystèmes s'effondrent et parce que les espèces animales, vivantes ou sous forme de dépouilles, font partie des exportations illégales. Dans la Thaïlande voisine, les camps de réfugiés pèsent depuis des années sur l'environnement, tout comme le conflit armé qui se développe depuis 2003 entre les forces armées et les minorités musulmanes du sud du pays. Là encore, la forêt sert de refuge et d'espace nourricier tandis que l'armée se sert sur les arbres.

Affrontements en Indonésie

Autre conflit ignoré que le raz-de-marée de la fin de 2004 a rappelé brièvement à l'opinion publique : celui qui oppose le pouvoir indonésien aux rebelles de la province d'Aceh. Il se déroule dans les espaces intérieurs et forestiers de l'extrémité septentrionale de l'île de Sumatra. Il met aux prises depuis 1976 le pouvoir central indonésien aux rebelles séparatistes et musulmans du GAM, le Gerakan Aceh Merdeka. Près de vingt ans de combats ont amené une dégradation des milieux naturels et une désorganisation des activités agricoles participant à la préservation des milieux fragiles. Les affrontements dans ce qui fut autrefois un sultanat indépendant ont fait entre 20 000 et 30 000 morts. L'existence de ce conflit qui se déroule dans les espaces boisés et montagneux de la région explique pourquoi les autorités indonésiennes ont cherché à limiter, dans le temps et dans l'espace, les interventions humanitaires, avec soutien logistique militaire des États-Unis, puis de la France avec le porte-hélicoptères *Jeanne d'Arc*. Les militaires indonésiens étant généralement mal payés – un général ne reçoit guère plus de 700 à 800 euros par mois –, ils se rattrapent sur les ressources naturelles, le bois en particulier, dont ils organisent le pillage depuis une quinzaine d'années. La campagne d'intimidation et de destruction menée par l'armée dans l'intérieur de cette province contribue à l'appauvrissement des milieux naturels. Elle a aussi poussé vers le littoral des populations résidant autrefois dans les montagnes, ce qui a augmenté le nombre des victimes du raz-de-marée.

Dans le plus grand État musulman du monde, 215 millions d'habitants sur 1, 9 million de km² répartis sur de nombreuses îles, les affrontements sont aussi nombreux que meurtriers, et dévastateurs pour le milieu naturel déjà surexploité par les compagnies forestières. Périodiquement, à Java et à Bornéo, la forêt brûle « au profit » des grandes sociétés et avec la béné-

diction de l'armée qui y voit un moyen de repousser les mouvements autonomistes ou de mieux surveiller les heurts interethniques. Les pressions sur l'environnement sont donc importantes à Bornéo, aux Moluques (musulmans contre chrétiens menacés d'exode) et en Papouasie-Nouvelle-Guinée, où les Mélanésiens refusent la domination indonésienne instaurée en 1969. Ces situations sont rendues d'autant plus difficiles à stabiliser qu'une partie des mouvements autonomistes ou antichrétiens concernés est soupçonnée (voire accusée) d'avoir des liens avec l'islamisme radical. C'est notamment le cas en Papouasie occidentale (aujourd'hui Irian Jaya), où les milices du Laskar Jihad arborent de plus en plus fréquemment des portraits de Ben Laden. Le radicalisme contre le pouvoir gouvernemental et/ou la persécution contre les chrétiens, catholiques mais aussi protestants, désorganisent plusieurs régions ; de plus, des exploitations de plus en plus anarchiques des ressources naturelles sont partout facilitées par la répression menée par les militaires qui accentuent les désordres.
Pour mesurer la force d'intervention et de nuisance des militaires qui s'efforcent de maintenir l'unité du pays, il suffit de se souvenir des dégâts humains et environnementaux qui ont jalonné la lutte pour l'indépendance du Timor-Oriental. Le pays est désormais indépendant tout en étant placé sous la protection-tutelle des Nations unies depuis 2002. Outre les dizaines de milliers de morts, la présence des Indonésiens et des milices a entraîné une destruction des espaces agricoles et du milieu naturel qui mettra probablement une trentaine d'années à se restaurer, sans qu'il soit possible d'espérer retrouver l'ancienne et extraordinaire biodiversité. La totalité des semences endémiques locales a été perdue : des richesses en flore et en faune qui avaient été préservées du temps de l'occupation coloniale du Portugal. Ce pays porte d'ailleurs une part de responsabilité dans les ravages environnementaux et humains puisque au milieu des années 70, il ne sut pas empêcher l'Indonésie d'occuper une région qui compte aujourd'hui 70 % de chômeurs ; et leur pression sur le milieu naturel se fait de plus en plus importante. Au Timor occidental, l'autre moitié de l'île, toujours

géré par le gouvernement indonésien, restent plusieurs dizaines de milliers de réfugiés ainsi que des milices armées qui contribuent à la persistance des effets négatifs sur un milieu naturel déjà fragilisé.

Conflits multiples aux Philippines

Aux Philippines, il aura fallu les prises d'otages de touristes et de journalistes de l'année 2000 pour attirer l'attention du monde sur les activités séparatistes des rebelles du groupe Abou Sayyaf, en lutte armée contre le pouvoir central depuis le début des années 90 dans le sud du pays, notamment dans les îles de Jolo et de Basilan. Une rébellion qui mêle allègrement la religion et un grand banditisme plus ou moins manipulé par les militaires indonésiens. Tout le monde s'entend souvent pour exploiter illégalement les richesses naturelles de la région, y compris dans la grande île de Mindanao. Et, comme dans ces deux zones les affrontements durent depuis une trentaine d'années, et bien qu'il s'agisse, selon les termes des Nations unies, d'un conflit « de basse intensité », la collusion objective entre les rebelles et les militaires se traduit par un pillage de plus. Une rébellion musulmane agite également toutes les autres îles de la mer des Célèbes et ce conflit ne contribue évidemment pas à la préservation des écosystèmes îliens déjà fragilisés. Dans le reste des Philippines, les experts en révolte ne recensent pas moins de huit zones où se poursuit la rébellion dite communiste de la NAP, la Nouvelle Armée du peuple, qui ne réclame ni une quelconque indépendance ni l'autonomie mais des réformes sociales et surtout une réforme agraire. Elle se manifeste depuis 1969, et même si elle a perdu de sa force en raison de l'action de l'armée philippine, elle reste active en tant que guérilla vivant au détriment de la paysannerie.

Les heurts qui s'éternisent sont préjudiciables aux milieux et aux ressources naturelles pour au moins trois raisons. D'abord, les affrontements se déroulent tous dans des zones rurales, y compris ceux de la région au sud de Manille, la capitale. Ensuite, ne parvenant pas à faire face au harcèlement des rebelles, les militaires arment des milices civiles qui ont l'habitude de se payer sur l'habitant et sur l'exploitation désordonnée des richesses naturelles. Enfin, comme beaucoup d'autres mouvements de ce type après une trop longue opposition, la NAP a pris l'habitude de « se payer » sur l'économie et les ressources naturelles des zones qu'elle tente de contrôler. Une dérive qui a peu à peu tourné au racket, sur les entreprises, sur les hommes politiques et sur les produits forestiers et agricoles. La poursuite de cette rébellion tourne progressivement et au moins en partie, comme le remarque la FAO dans son rapport pour beaucoup d'autres zones d'affrontements, à une révolte de droit commun perdant progressivement de vue ses objectifs politiques d'origine. Les révolutionnaires n'ont pas d'autre solution pour survivre et se procurer de l'armement efficace que de vendre au plus offrant les ressources naturelles des zones les plus inaccessibles. Ils bénéficient de la complicité des militaires, qui n'hésitent pas décréter des trêves pour faire du commerce illégal en compagnie des révolutionnaires qu'ils sont supposés combattre. Ce qui induit un soupçon qui ne concerne pas seulement les Philippines : la tentation est grande pour les uns et pour les autres de prolonger l'état de guerre et de conflit, et donc le temps des profits, lesquels ne vont plus à l'État ni aux rebelles, mais à des chefs de rébellion ou à des généraux. Des situations semblables se retrouvent dans les zones boisées du Bangladesh, essentiellement au cœur des montagnes de Chittagong, et dans le nord du Laos, où des guérillas se prolongent depuis des années.

Maos contre royalistes au Népal

La révolte communiste et maoïste du Népal implantée, en 2005, dans onze régions de ce royaume himalayen se déroule sur le même schéma économico-politique depuis 1996. Toutefois, on note une différence remarquable : actuellement, il n'existe pas de complicité objective entre l'armée et les rebelles pour exploiter les ressources naturelles, même si elles souffrent énormément du conflit, aussi bien sur les pentes des montagnes himalayennes qui forment la frontière avec la Chine que dans la plaine tropicale du sud du pays, plaine qui fait frontière avec l'Inde. Pour se procurer l'argent nécessaire à leur armement, les rebelles maoïstes, qui contrôlent étroitement la moitié de ce pays de 145 000 km^2 et peuplé de 24 millions d'habitants, rançonnent (par le biais de « l'impôt révolutionnaire », comme dans d'autres pays) les activités économiques et l'exploitation des ressources naturelles, et organisent la culture du pavot et du cannabis qui prend de plus en plus d'extension. Cette culture entraîne l'abandon des cultures vivrières et épuise les sols, surtout dans les zones montagneuses du nord-ouest du Népal. Et comme les zones de vie inexpugnables du Parti communiste du Népal se situent essentiellement dans des espaces forestiers fragiles, la forêt paie un lourd tribut à la situation révolutionnaire, même si les maoïstes fondent leur action sur une réforme agraire et sur une gestion plus écologique du territoire népalais. Ils avaient même promis, au début de leur rébellion, de respecter le programme forestier du gouvernement dans la mesure où il est essentiel pour la préservation d'un équilibre naturel très fragile. Mais une guerre qui dure, sans concession de part et d'autre, n'est pas ce qui favorise le plus un développement forestier durable. Les guerres « écologiques » sont rarissimes, même si celle du Népal est, sur ce point, « moins pire » que d'autres.

Résultat de la gestion de « père de famille » de la révolution népalaise : les maoïstes sont littéralement assis sur un « tas d'or », faisant d'eux la révolte armée la plus riche du monde puisque son trésor de guerre est évalué à 130 millions de dollars. Pas de quoi inciter cette rébellion, et le cas n'est pas unique, à vraiment préférer « la victoire finale » à une pérennisation d'une situation meurtrière pour les hommes et pour l'environnement. Comme un malheur n'arrive jamais seul, le territoire oriental du Népal est très fragilisé par l'existence d'une dizaine de camps regroupant depuis les années 90 plus d'une centaine de milliers de réfugiés en provenance du Bhoutan voisin. Ces Bhoutanais furent expulsés de leur pays d'origine parce qu'ils sont de langue népalaise. Personne ne veut de cette population dont la survie, financée par le HCR, fragilise de plus en plus l'environnement dans les zones concernées.

La FAO dénonce

Dans de nombreux pays secoués par les conflits, la solution des pouvoirs en place a souvent consisté, comme en Birmanie, à « payer » les militaires confrontés à des rébellions en les autorisant à organiser l'exploitation anarchique des forêts en liaison avec des sociétés étrangères. Solutions qui soulagent le budget de ces États d'une partie des coûts de la guerre. Mais dans ces conditions il est évidemment difficile de faire respecter les éventuelles lois nationales de protection et les conventions internationales imposant la gestion écologique ou durable des massifs forestiers. Le Cambodge et le Sri Lanka, en plus des cas que nous avons déjà longuement décrits, ont recours à cette solution qui peut, hélas, être « durable », car une fois les conflits terminés ou apaisés, ou une fois des militaires démobilisés, la tentation est grande de poursuivre l'exploitation anarchique des ressources naturelles. Les milices privées de déforestation créées pendant les affrontements ne se reconvertissent pas facilement à des activités légales ou contrôlées, ce qui prolonge pendant des années les dégâts de la guerre ou de l'insécurité civile, comme en Thaïlande ou au Laos. Les après-guerres ne sont pas toujours roses pour les espaces forestiers, comme l'explique le rapport de la FAO déjà cité.

« Après une guerre, les gouvernements et les organismes d'aide internationaux sont trop pris par d'autres soucis pour se concentrer sur des objectifs à plus long terme comme la gestion ou la conservation des forêts. Ils subissent de très fortes pressions pour redresser l'économie et l'exploitation forestière est souvent la seule option dans de nombreux pays à faible revenu. Les activités d'exploitation forestière prolifèrent donc souvent beaucoup trop vite pour que le secteur public puisse les réglementer. Cela a été le cas au Cambodge et le sera probablement au Liberia et en République démocratique du Congo. Les gouvernements établis après la guerre au Guatemala et au Nicaragua ont réinstallé les soldats démobilisés ainsi que les personnes déplacées dans les régions forestières car ces zones étaient les seules à être vastes et peu peuplées.

« Après un conflit, les agriculteurs, les éleveurs et les forestiers regagnent les zones rurales pour y reprendre leurs activités. Ils sont souvent rejoints par des jeunes sans emploi et bien armés qui n'ont d'autre choix que l'exploitation des forêts, la chasse commerciale et le banditisme. Les gouvernements promettent parfois aux soldats démobilisés des terres, une formation et des crédits, mais ils ne sont pas toujours capables de tenir leurs engagements par la suite, ce qui sème les graines de futurs conflits. »

Cet aspect des conflits évoqué par la FAO se retrouve dans la plupart des guerres civiles et des accords de paix qui les éteignent : ils préparent presque tous une autre guerre civile, souvent générée ou provoquée par les déçus des processus de paix qui renvoient les combattants à la frustration des promesses non tenues. À l'image de ce gardien de l'usine de poisson du lac Victoria dans le film *Cauchemar de Darwin*, expliquant avec une extraordinaire sincérité pleine d'espoir que grâce à la prochaine guerre civile il aura bientôt à nouveau un travail bien payé. Ce qui est vrai, pour lui et des dizaines de milliers d'hommes qui n'ont plus que les conflits comme employeurs versant des salaires corrects. Sur les bords du lac Victoria, le film le raconte avec une extraordinaire acuité, la situation de conflit permanent régnant dans la région a permis la mise en exploitation – sauvage mais organisée de façon moderne – de la perche du Nil, dont les filets sont vendus bon marché en Europe. Nul ne se préoccupe de savoir que la fameuse perche du Nil disparaîtra bientôt. Mais elle aura d'abord ravagé la biodiversité du lac, puisqu'elle fut introduite pour être exploitée à la faveur de l'instabilité de la région, comme est incontrôlée la livraison des armes et des munitions parfois livrées en échange des filets de perche par d'énormes avions-cargos pilotés par des mercenaires russes et ukrainiens. D'où la nécessité, explique la FAO, de penser aux problèmes d'environnement avant la fin des conflits. Plus facile à imaginer qu'à réaliser.

« Les pays ne devraient pas attendre le rétablissement de la paix et de la croissance économique pour s'attaquer aux problèmes liés à la gestion des ressources naturelles et à l'environnement. Le Cambodge, les îles Salomon, le Liberia et le Myanmar (Birmanie), par exemple, sont des pays qui n'ont guère d'autres sources de devises que les produits forestiers. Pour éviter de sombrer à nouveau dans un conflit violent, ils devraient donc faire une place importante à la production durable et au partage plus équitable des avantages dans leurs plans de développement économique. La même observation s'applique, quoique dans une moindre mesure, à l'Angola, au Congo, à la République démocratique du Congo et à la Sierra Leone.

« Les parcs situés le long de frontières sensibles peuvent contribuer à atténuer les tensions et favoriser la coopération entre des pays voisins traditionnellement en mauvais termes. Le Condor Peace Park, le long de la frontière contestée entre l'Équateur et le Pérou, le démontre. »

Les plantes médicinales du Sri Lanka

Avant de quitter le continent asiatique, et sans prétendre être exhaustif à propos des guerres dévoreuses de milieux naturels, il faut évoquer le conflit plus que sanglant qui oppose depuis 1983 les Tigres Tamouls, 20 % de la population (hindouiste), aux Cinghalais, 75 % de la population (bouddhiste) au sein du Sri Lanka, île-nation de 63 000 km² au sud du sous-continent indien. En 2005, les 19 millions d'habitants vivaient une trêve dans une des guerres civiles les plus meurtrières de la région. Avec 65 000 victimes et 1,3 million de personnes déplacées par les aléas des affrontements, il n'est pas difficile d'imaginer les conséquences écologiques de cet interminable affrontement ponctué à la fois d'attentats (le Premier ministre indien en 1991, le Premier ministre sri lankais en 1993, l'aéroport de la capitale Colombo en 2001) et de batailles rangées meurtrières. Les dégâts humains et environnementaux de ce conflit se sont ajoutés à ceux de l'autre guerre civile qui, de 1987 à 1990, a opposé le gouvernement à l'insurrection du Front de libération du peuple, un mouvement cinghalais mêlant nationalisme et marxisme, un affrontement qui fit entre 15 000 et 20 000 morts. Écrasé par la force, le mouvement n'a ressurgi qu'une dizaine d'années plus tard sous la forme d'un petit parti politique. Au cours des vingt dernières années, le Sri Lanka a donc connu deux éruptions de violence qui ont remis en cause la gestion de ses ressources naturelles.

Grâce à un cessez-le-feu à peu près respecté de part et d'autre, depuis le mois de janvier 2002, les combats entre les Tigres et le pouvoir ont cessé, laissant la place à un *statu quo* fragile qui laisse le pays (inégalement) coupé en deux. Le parti des rebelles et ses troupes restent maîtres du nord et d'une partie de l'est du pays, un territoire dans lequel ils gèrent tout, faisant fonction d'État, et où d'ailleurs ils lèvent taxes et impôts. Des impôts réguliers puisque le Litte (Tigres de libération de l'Eelam tamoul) n'a pratiquement connu aucune des dérives mafieuses qui menacent les mouvements de libération lorsqu'ils s'installent dans la durée. Mais cette violente guerre de libération, qui a souvent enrôlé des adolescents et des enfants-soldats, a mis à mal les espaces forestiers déjà largement dévastés par les colonisateurs anglais afin d'y planter du thé, du cacao et des hévéas. La férocité des affrontements, les nombreux mouvements de population et la politique de terre brûlée parfois pratiquée par les autorités légales pour garder le contrôle de la ville de Jaffna, dans le nord, ont entraîné l'abandon de toute politique de protection, et une surexploitation des espaces naturels qui avaient la chance de n'être minés ni par les uns ni par les autres. Dans les zones où fonctionne aujourd'hui l'administration autonomiste tamoule, la nature a souffert de la destruction ou de l'abandon des systèmes d'irrigation, notamment dans la province de Wanni, dans le nord. Plus au nord encore, dans la péninsule de Jaffna, toujours tenue par les forces gouvernementales, les dégâts sont également immenses, dans la ville très abîmée comme dans les espaces naturels fragiles alentour.

Pour cause de guerre trop longue et aussi parce qu'aucune paix n'est encore venue remplacer le cessez-le-feu en dépit des efforts des Norvégiens chargés de rapprocher les points de vue, la biodiversité de l'île est en grand danger, alors qu'elle a toujours été considérée comme extraordinaire. Sur la douzaine de parcs nationaux existant sur le papier, au nord, au sud ou à l'est, seuls quatre assurent une protection tout à fait relative. Le danger c'est évidemment que, dans cette île comme dans toutes les îles, ni la faune ni la flore ne peuvent se renouveler par contact avec d'autres terres. Le taux d'endémisme est par conséquent élevé. Les 86 espèces de mammifères, de l'éléphant à la panthère, mais également les crocodiles et une variété surprenante de reptiles et d'amphibiens, sont presque tous menacés. Mais les espaces naturels étant négligés ou défrichés n'importe comment, la grande menace écologique est celle qui pèse sur les 3 350 espèces de plantes répertoriées. Pour des raisons liées aux particularités des sols, aux différents climats de l'île suivant les variations des effets de la mousson en fonction du relief, 500 de ces plantes possèdent des vertus médicinales reconnues. Deux cents d'entre elles sont endémiques à l'île et n'existent donc qu'au Sri Lanka. Elles sont toutes en danger et une vingtaine d'espèces sont en voie de disparition. Ces plantes connues de tous ont toujours été l'une des bases solides de la médecine sri lankaise, aussi bien chez les Tamouls que chez les Cinghalais. La Banque mondiale s'est d'ailleurs intéressée à leur sauvetage, car la situation de guerre a entraîné l'arrêt de toutes les protections et de toutes les réglementations. L'abandon de la préservation des richesses naturelles, une agriculture à la fois intensive, chimique et désordonnée et des campagnes de cueillette excessives dans une situation de pénurie médicale ont mis toutes ces plantes en danger, chez les Cinghalais comme chez les Tamouls, ces derniers manquant de moyens, de techniciens et de financement pour organiser le sauvetage d'un authentique trésor naturel ayant de plus une fonction sociale et économique. Les ravages du tsunami de décembre 2004, avec ses 30 000 morts essentiellement dans le nord et l'est, les zones tamoules, ne peuvent que retarder la mise en route des programmes de sauvegarde. De plus, la salinisation des terres littorales risque de faire disparaître quelques dizaines d'espèces.

Désastre ignoré au Cachemire

L'Inde et le Pakistan se disputent un Cachemire de 220 000 km², partagé entre les deux depuis l'indépendance octroyée par la Grande-Bretagne en 1947. Le conflit met à mal l'environnement depuis une bonne cinquantaine d'années, les guerres entre les deux pays alternant avec les accrochages entre les autorités indiennes et les mouvements de guérilla musulmans réclamant le rattachement de tout le Cachemire au Pakistan. Il est actuellement contrôlé par le gouvernement indien au sud et à l'est de la ligne de cessez-le-feu de la première guerre, après l'indépendance des deux pays. La plupart des affrontements, entre guerres ouvertes, embuscades et attentats, ont fait une centaine de milliers de victimes civiles et militaires. Ils se déroulent à haute et même très haute altitude puisque la région est traversée par trois chaînes himalayennes et ils ont mis à mal l'écologie de la montagne, notamment les cultures d'altitude qui entretiennent et préservent les écosystèmes. Derrière cette guerre qui dure, même si le dialogue a été renoué au cours de l'année 2004, se profile aussi le contrôle des eaux qui coulent vers le Pendjab pakistanais. Un enjeu écologique et stratégique extraordinaire. Enfin, en ce qui concerne d'abord le Pakistan, la poursuite de cette « guerre sacrée » permet à l'armée de ce pays de maintenir au plus haut niveau un budget militaire, y compris pour l'arme nucléaire, qui pèse sur la gestion du pays et donc sur la protection de l'environnement négligée non seulement au Cachemire pakistanais, mais également dans tout le pays.

Avec l'Afghanistan voisin, ce grand pays musulman est le théâtre de nombreux trafics exploitant de façon intensive la faune sauvage, ce qui s'ajoute aux effets d'une agriculture intensive qui assèche plusieurs régions aux dépens des équilibres naturels, et à une exploitation anarchique des zones forestières, avec une érosion de plus en plus visible. Le Pakistan, qui a soutenu plus ou moins discrètement les taliban afghans pendant des années, fait partie de ces nations qui ne se préoccupent absolument pas de la dégradation de leur environnement.

On trouve la même situation, dans cette région, au Tibet, où la « guerre » que mène le gouvernement chinois contre le peuple tibétain se traduit par des dégâts environnementaux. En effet, la politique d'aménagement menée par Pékin vise à réduire les espaces de liberté ruraux où résistent les bouddhistes adeptes du dalaï-lama, avec, comme en prime, une volonté d'éradication de la médecine traditionnelle des plantes, et donc de leurs connaissances, cette culture étant considérée comme rétrograde ou subversive par le régime de Pékin.

« Terre brûlée » contre les Kurdes

La guerre menée par les groupes armés kurdes dans l'est de la Turquie depuis la fin des années 70 sous l'impulsion du PKK, dirigé par Abdullah Ocalan, dit Apo, chef historique condamné à mort depuis 1999, condamnation commuée ensuite en emprisonnement à vie après la suppression de la peine capitale, a été largement préjudiciable à l'environnement du Kurdistan turc. Parce qu'une guerre n'améliore que rarement les conditions environnementales, mais surtout parce que l'armée turque aux prises avec la rébellion lui a opposé la classique méthode de la « terre brûlée ». Cette méthode, toujours préjudiciable à l'environnement, a partiellement désertifié la région. La tentative d'étouffer la rébellion et surtout d'asphyxier la population censée la soutenir, ou au moins l'accepter, a provoqué la destruction d'au moins 4 000 villages kurdes et de leurs espaces cultivés ; ce qui entraîne la destruction ou la remise en cause des écosystèmes leur permettant de vivre. À cette perturbation agro-environnementale s'ajoutent des mouvements et des transferts de population qui ont affecté, selon les sources, entre 500 000 et 1,5 million de personnes, ce qui implique l'abandon de cultures et d'entretien des paysages dans de grandes zones déjà écologiquement fragiles. Sous la pression de son « désir d'Europe » et des États-Unis, le gouvernement de la Turquie a mis fin à la sale guerre qui a ravagé la région et accordé quelques nouveaux droits aux kurdes, notamment en ce qui concerne la pratique de leur langue. Les affrontements sont donc de plus en plus rares puisque le PKK a renoncé à la lutte armée. Mais les villageois déplacés n'ont que rarement regagné leurs zones de culture et de peuplement. La situation est de toute évidence favorable pour l'instant à une faune sauvage très riche, mais laisse les phénomènes d'érosion se poursuivre. Une partie de l'Orient turc reste désertée par la population qui en assurait l'équilibre écologique depuis des siècles. Les gouvernements turcs successifs en ont profité pour mettre en place, sans opposition, d'immenses barrages qui ont perturbé les écosystèmes régionaux et qui, d'une façon ou d'une autre, représentent une menace potentielle, écologique et économique sur toutes les régions situées au sud de la Turquie, devenue le « château d'eau » du Moyen-Orient, et qui détient la clé écologique d'un immense espace de cette région. Ce qui explique au moins en partie la longueur et la férocité de la guerre contre les Kurdes.

Les Azéris contre les Arméniens

S'agissant de « Turcs », puisque c'est ainsi que les Arméniens appellent les Azerbaïdjanais, un autre conflit a laissé des traces un peu plus au nord, dans le Caucase, de l'autre côté de la frontière de la Turquie : celui qui a opposé pendant des années l'Arménie et l'Azerbaïdjan. Deux pays que le régime soviétique avait réussi à « tenir ensemble » pendant soixante-dix ans sans affrontements. Pendant plusieurs années, à partir de 1989, alors même que l'URSS existait encore, les belligérants se sont affrontés pour la maîtrise du Nagorny (Haut) Karabakh. Batailles brutales de part et d'autre, pogroms de part et d'autre puisqu'il y avait des villages azéris en Arménie et des populations arméniennes en Azerbaïdjan. Encore aujourd'hui, les Arméniens montrent fièrement les villages de leurs « ennemis » rasés, leurs vergers coupés, leurs forêts ratiboisées, leurs puits obturés et empoisonnés, alors que les habitants ont fui depuis longtemps sous la pression de leurs voisins. Évidemment, de l'autre côté, en Azerbaïdjan, des exactions tout à fait semblables se sont produites.

Au cours de cette guerre à épisodes, dans ses aspects militaires comme dans ses aspects d'affrontements entre civils, la priorité a toujours été donnée, c'est un grand classique des guerres fratricides, à la destruction de l'environnement des « autres », y compris à l'intérieur du Nagorny-Karabakh, entièrement contrôlé depuis des années par les Arméniens. Ces deux peuples, séparés par de vieilles haines recuites et désormais imprégnées de religions antagonistes, islam et christianisme, haines que rien ne peut apaiser, se sont acharnés sur l'environnement, sur les systèmes d'irrigation, sur les espaces naturels, sur les cultures et sur les espaces forestiers. La destruction des espaces naturels de l'ennemi était de rigueur à chaque fois que l'une des armées réussissait à prendre l'avantage sur la terre de l'autre. En parcourant les ex-champs de bataille, ou plus exactement d'affrontement, maintenant que le front s'est stabilisé en faveur des Arméniens, on prend conscience de l'acharnement réciproque et méthodique des deux peuples contre ce qui constitue – constituait – le cadre de vie et le cadre naturel ou agricole de « l'autre ». Dans des régions où les équilibres écologiques sont plutôt fragiles en raison du climat et de la nature des sols, il faudra sans doute encore une vingtaine d'années pour que se reconstituent certains écosystèmes volontairement meurtris et saccagés. Dans plusieurs zones montagneuses, il est à peu près certain, l'érosion faisant son œuvre, que les dégâts sont irréversibles.

Pour retrouver un tel acharnement et des dégâts presque aussi importants sur l'environnement dans l'ex-Union soviétique, il faut aller au Tadjikistan qui, dans les années 90, a été déchiré par une longue guerre civile opposant trois des anciennes provinces de cette république de montagne. Ou encore, retour vers le Caucase, dans la République de Géorgie. Les tentatives de sécession de l'Ossétie du Sud, dans le nord de cette ex-république soviétique et de l'Abkhazie, dans sa partie occidentale, sur les bords de la mer Noire, se traduisent par des dégâts écologiques considérables et de véritables bouleversements d'écosystèmes, notamment en raison de la coupe de nombreuses forêts et de la mise en friche de surfaces de plus en plus grandes. Des « régions », plutôt que des pays, où l'insécurité et l'absence d'État entraînent l'augmentation du braconnage des espèces sauvages.

C'est dans certains coins de la Géorgie, dans sa partie la plus montagneuse, que des princes richissimes du Golfe viennent s'acheter à prix d'or des rapaces qu'ils emmènent dans les pays d'Arabie pour leur servir d'oiseaux de poing pour la chasse. Les achats se négociaient en milliers de dollars en 2004 et ils représentent désormais une menace pour l'avenir des rapaces et d'autres oiseaux; à cause en particulier des dégâts causés par les récoltes des œufs de grands oiseaux vendus très chers à des collectionneurs. Dans ces zones « en guerre », l'État géorgien, déjà occupé à beaucoup d'autres priorités, n'a ni l'intention ni les moyens de faire respecter un minimum de lois. Et de toute façon, en ce qui concerne l'Abkhazie, les militaires russes supposés assurer le maintien de l'ordre participent allègrement au pillage des ressources naturelles et à la mise à sac de l'environnement.

De la Transnistrie à Tchernobyl

La ronde des guerres est pratiquement sans fin, surtout si l'on répertorie les microconflits, ces petits affrontements discrets totalement méconnus, à supposer qu'ils soient un jour sortis de l'anonymat. Affrontements ou conflits qui « pourrissent », dans la plus grande indifférence, l'environnement de quelques dizaines ou centaines de milliers de personnes. Ainsi, avant de quitter le territoire de l'ex-Union soviétique, il faut mentionner ce qui s'est passé et se poursuit en Moldavie. Il y a quelques années, la révolte des Gagaouzes, 4 % de la population dans le centre du pays, a eu des conséquences sur les modes de culture et leur environnement. Leur territoire étant autonome depuis 2003, le conflit est désormais apaisé, mais les cicatrices restent. Elles pèsent sur la vie quotidienne des Gagaouzes, dont tout le monde a oublié qu'il s'agit d'un petit peuple d'origine turque, peuple christianisé que les hasards de l'Histoire ont fait échouer dans l'actuelle Moldavie, lambeau d'une éphémère « Grande Roumanie », la plus déshéritée

des ex-républiques de l'Union soviétique. Une nation européenne dont l'extrême pauvreté détruit peu à peu la nature et l'environnement. D'autant que, comme un malheur environnemental n'arrive jamais seul, le pays est miné par un autre conflit : celui qui, de l'autre côté de la rivière Prut, a amené la minorité russe et paléo-communiste de Moldavie à faire sécession pour inventer une république indépendante qui, comme le Nagorny-Karabakh, n'est reconnue par personne dans le monde. Les combats autour de cette république autoproclamée de Transnistrie ont cessé, mais les quelques heurts ont laissé presque autant de traces que la prédation exercée sur l'économie et l'environnement par la présence de l'armée soviétique (devenue l'armée russe) : en effet, les soldats n'ont jamais quitté cette enclave, malgré les promesses régulièrement faites par Moscou depuis le milieu des années 90. L'armée participe allègrement à la prédation sur l'environnement.
Plus au nord, toujours dans l'ex-URSS, dans une Biélorussie qui compte une dizaine de millions d'habitants sur 200 000 km^2, la guerre que le dictateur Alexandre Loukachenko mène contre son peuple depuis 1994 retarde considérablement les travaux et de recherche menés par quelques scientifiques courageux pour lutter contre les effets de la pollution radioactive qui a affecté tout le sud de la République en 1986, lors de l'explosion de Tchernobyl. Certains scientifiques sont en prison ou en résidence surveillée, d'autres sont privés de moyens de travail ou voient les résultats de leurs recherches classés « secret d'intérêt national ». Le travail de décontamination se fait donc beaucoup moins rapidement qu'en Ukraine, de l'autre côté de la frontière. Les habitants vivant depuis 1986 dans une région au taux de radioactivité largement au-dessus des moyennes admissibles développent donc non seulement des cancers, mais aussi des maladies aux symptômes inconnus.
Les maladies engendrées par la radioactivité affectent également un nombre grandissant d'espèces sauvages. Des espèces sauvages qui, paradoxalement, du côté ukrainien, prospèrent de plus en plus dans la « zone interdite », cette zone de pollution radioactive maximale où personne n'est

censé habiter. En fait, quelques centaines de personnes âgées y bravent les interdictions depuis des années, mais elles ne constituent aucune menace pour les animaux sauvages. Cette zone interdite autour de Tchernobyl est donc devenue sur une bonne centaine de kilomètres carrés, malgré des maladies qui se développent (sans être contagieuses), la plus extraordinaire et la plus riche des réserves naturelles de la région. Les malformations de quelques espèces n'ont pas d'effet important sur une biodiversité qui s'est manifestement enrichie depuis l'accident d'avril 1986. Mais ce qui se passe au niveau des plantes n'a pas été encore étudié.

En ce qui concerne la Biélorussie, le secret qu'entretiennent les dirigeants empêche tout contrôle des produits d'exportation, c'est-à-dire de ceux qui proviennent de la zone plus ou moins contaminée. Remarque qui concerne le bois, évidemment, mais aussi les champignons qui partent discrètement se faire mettre en conserve dans des pays limitrophes, en Lituanie notamment. Or, faut-il le rappeler, les champignons – comme certains petits fruits rouges exportés également à l'étranger pour se transformer en confitures – ont la faculté de concentrer la radioactivité. Dans les isbas de Biélorussie, ce sont toujours les conserves de champignons qui mettent en folie les compteurs de radioactivité, suivis par les « compotes » de fruits, comme on dit en terre slave, et par les grandes jarres de tomates au vinaigre. Autant, malgré une volonté « d'oublier » Tchernobyl, les autorités ukrainiennes réussissent vaille que vaille à surveiller l'état sanitaire de la population et la qualité des produits agricoles en provenance des zones proches de la catastrophe, autant le pouvoir dictatorial biélorusse, résistant de toutes ses forces à la démocratie, s'efforce de nier les conséquences de l'accident et d'empêcher tout contrôle sanitaire d'une production agricole qui gagne la Russie et l'Europe.

Encore l'Afrique

Aucun continent n'échappe aux microconflits qui interfèrent dans la vie des hommes, sur le milieu naturel, la biodiversité, la qualité de l'eau et l'accumulation des déchets. L'Afrique ne se réduit pas aux grandes tragédies du Soudan, de la Somalie, du Liberia ou de la région des Grands Lacs. La liste est longue : le conflit de longue durée au Sahara occidental annexé par le Maroc, la révolte endémique de la Casamance au Sénégal, conflit qui s'est fréquemment traduit par des destructions de ressources naturelles, ou encore le délabrement intérieur du Zimbabwe se séparant dans la violence et la répression des fermiers blancs qui entretenaient le pays. Le résultat y est clair : la production agricole a vertigineusement chuté, le pays ne survit plus qu'avec l'aide alimentaire internationale après avoir vécu des années de l'exportation de sa production. Les équilibres écologiques s'y délitent parce que le pays est peu à peu envahi par les friches, les nouveaux fermiers n'ayant pas pu, faute de compétence et de moyens, reprendre la culture sur toutes les surfaces abandonnées par les fermiers expulsés. L'autre conséquence de la pénurie est, bien sûr, une chasse redoublée de toutes les espèces sauvages retrouvant leur rôle de complément alimentaire. Dans tous les pays africains livrés aux combats ou aux désordres politiques, la biodiversité se trouve mise en cause par les besoins en « viande de brousse ».

Une curiosité aussi tragique qu'ignorée : les conflits internes de la Guinée-Équatoriale, sorte d'émirat pétrolier de 28 000 km^2 éclaté en trois parties autour du golfe de Guinée et géré quasiment par la même famille depuis son indépendance de l'Espagne en 1968. Des années de luttes internes et de répressions ont provoqué des morts, des disparitions et l'abandon des cultures de cacao et de café dont l'existence maintenait un équilibre écologique et une biodiversité qui ont progressivement disparu. L'exploitation plutôt rationnelle et prudente des bois de grande valeur a peu à peu tourné au pillage, les dirigeants et les compagnies internationales se contentant de surveiller l'exploitation de la manne pétrolière qui a dépassé les 400 000 barils/jour en 2004. Cet afflux pétrolier entraîne une folie d'aménagement, de construction et d'industrialisation détruisant et polluant peu à peu les milieux naturels. Le fait que les États-Unis comptent de plus en plus sur le pétrole guinéen pour assurer leur approvisionnement n'annonce pas une évolution positive de la situation intérieure de cette pétro-république. Les opposants réprimés ne géreraient sans doute pas le pays de façon différente. Aujourd'hui, il est soumis à un pillage et à une destruction appuyés sur la répression sans que nul s'en soucie, à l'intérieur comme à l'extérieur. Personne ne souhaite d'ailleurs clarifier la situation puisqu'en 2004 la société pétrolière Exxon a versé 800 millions de dollars à ce pays, redevance dont une bonne partie a été donnée directement au président Teodoro Obiang Nguema Mbasogo, d'où le surnom de kleptocratie pétrolière donné à la Guinée-Equatoriale.

En Afrique, il faut encore rappeler l'immense Nigeria, 125 millions d'habitants sur près de 1 million de km^2, livré à la fois aux affrontements ethniques, à la lutte entre les chrétiens du Sud et les musulmans du Nord qui installent une insécurité permanente. S'y ajoutent les pollutions permanentes de l'industrie pétrolière, gérée en dépit du bon sens par un État qui perd progressivement ses pouvoirs face aux factions qui ne cessent de se disputer le pays depuis la tentative de sécession du Biafra à la fin des années 60.

Il ne faudrait pas, bien sûr, oublier la Côte d'Ivoire, qui traîne depuis 2002 sa partition, laquelle se traduit, au minimum et pour ce qui nous intéresse, par une exploitation de plus en plus désordonnée de la forêt, par des défrichages sauvages, notamment dans l'Ouest. Et sur tout le continent, par la mort lente des parcs nationaux abandonnés par leurs administrations et livrés au pillage de leur faune. Comme en Angola, où les effets d'une longue guerre heureusement terminée se font encore sentir sur l'environnement car les combattants mal reconvertis s'efforcent toujours de piller à leur profit.

Le combat des Indiens latinos

Parfois, au hasard d'une manifestation plus importante, la presse s'intéresse fugitivement à l'Équateur et à la Bolivie où, pacifiquement ou non, les Indiens tentent de prendre un pouvoir que devrait leur garantir le fait

qu'ils sont majoritaires dans ces pays. Les insurrections ou les jacqueries sont en général matées par des répressions qui s'attaquent aussi à leurs milieux de vie, c'est-à-dire aux espaces naturels, montagnards ou forestiers, qui constituent leurs habitats et leurs ressources. En Bolivie, où les Aymaras, les Quechuas et les Guaranis représentent 70 % de la population, la situation est plus complexe : le nationalisme indien, c'est aussi la défense des cultivateurs de coca ! Au moins 30 000 hectares sont plantés de coca, ce qui assure la troisième production du monde. Les gens n'ont pas d'autres ressources parce que leur agriculture traditionnelle a été désorganisée et la vogue de la consommation européenne et américaine de quinoa ne suffit et ne suffira pas à les sauver. Dans une région de haute altitude, cette monoculture a des effets de plus en plus désastreux sur l'écologie andine traditionnelle et sur l'existence des plantes médicinales qui ont toujours constitué une ressource vitale pour les Indiens.
Cette ressource médicale, c'est, autre exemple, ce que tentent de récupérer et de préserver les tribus indiennes du sud chilien. Ils combattent, parfois en armes, parfois devant les tribunaux, pour se réapproprier leurs terres autrefois confisquées et en même temps retrouver une ressource naturelle que leur gouvernement voudrait laisser exploiter par les grandes multinationales de la pharmacie. Comme dans tous les pays latino-américains où les Indiens relèvent la tête et tentent de faire valoir leurs droits d'avant la *Conquista*, la situation dans le sud chilien est explosive et peut déboucher prochainement sur de nouveaux affrontements. Cette réalité est aussi bien celle de l'Australie des Aborigènes, face « aux Blancs colonisateurs » niant les droits de leurs prédécesseurs, que celle de l'Amérique centrale où les conflits anciens comme ceux du Guatemala, de Panamá ou du Salvador peuvent un jour se ranimer. Notamment, pour tous ces pays depuis le sud du Mexique, sous l'action des *maras*, les bandes mafieuses nées dans les années 90 à la suite des guerres civiles ayant déstabilisé de nombreuses nations de l'Amérique centrale. Ces bandes armées, plus ou moins structurées selon les pays, regroupent plus de 150 000 personnes, souvent

jeunes. Elles participent aux trafics de drogue et pillent, en usant de la violence la plus extrême, les richesses naturelles de ces pays. Malgré les efforts coordonnés des polices de plusieurs nations d'Amérique centrale, les *maras* illustrent parfaitement une tendance qui gagne le monde entier : les groupes de délinquance de droit commun organisent une terreur et des désordres qui n'ont plus rien de politique et permettent une exploitation maximale des ressources naturelles sans que les États puissent faire appliquer les lois qui les protègent.

Cette revue de guerre n'est hélas pas exhaustive, puisqu'il faudrait évoquer le Cambodge où les guerres ont été financées avec les arbres, le sud de la Guinée (l'autre) qui a été transformé et détruit par l'afflux de 600 000 réfugiés, le Congo-Brazzaville, la République centrafricaine où la population d'éléphants est descendue à 5 000, l'état de l'Angola après trente ans de guerre, le Mozambique, la Zambie, la Géorgie, l'Ossétie du Sud, le Pérou ou renaissent les guérilleros du Sentier lumineux, et le Laos…

CHAPITRE 2

Traces de conflits anciens

Comme les activités guerrières entre les êtres humains se prolongent depuis une dizaine de milliers d'années, une question se pose à tous les gouvernements, aux écologistes, aux économistes et en fait à tout le monde depuis que la préoccupation écologique est sortie de sa quasi-clandestinité : les dégâts environnementaux multiformes provoqués par des guerres, des conflits ou des guérillas s'effacent-il rapidement ou bien est-il hélas possible que leurs conséquences perdurent pendant des années, éventuellement des siècles ? Dans la lecture des paysages, dans les sols, dans la qualité et la distribution de l'eau, sur la répartition des couverts forestiers ou la diversité de la faune et de la flore ? Parcours libre, donc, au cœur de quelques guerres anciennes qui se prolongent parfois en 2005, des guerres dont aucune ne fut « fraîche et joyeuse », comme le croyaient les jeunes soldats partant « pour quelques semaines », au début de la Première Guerre mondiale, des guerres qui ont toujours affecté l'environnement des hommes et la nature, même il y a des milliers d'années. L'historien, le journaliste et l'écologiste se demandent quelles furent leurs conséquences...

La réponse n'est pas facile à trouver car il faudrait d'abord s'entendre sur ce que peut impliquer le terme « conséquences » et ensuite parce que les agressions subies par l'environnement sont extraordinairement complexes et diverses, diversité à la mesure de la féconde imagination des hommes et des militaires. S'agissant des fuites nocives d'une usine, de l'explosion d'une raffinerie, d'un puits de pétrole ou d'un centre industriel bombardés ou sabotés, la réponse est en général évidente : passé le temps de la pollution immédiate, l'atmosphère ou les cours d'eau, quelques mois plus tard, ne conservent que peu de traces visibles ou analysables, sauf dans les nappes phréatiques comme en Serbie ou au Kosovo. Rappeler cette réalité ne répond pas intégralement à la question posée car les dégâts écologiques – disparition (ou apparition…) de certaines espèces de faune et de flore, modification des systèmes hydrographiques, transformation des forêts – peuvent être graves ou définitifs, sans que cela apparaisse clairement. Aussi bien vu d'avion qu'à hauteur d'homme. Autre aspect de cette réflexion : l'apparente cicatrisation d'une région, le retour d'une végétation ou la présence d'espèces sauvages, comme dans les cas de bouleversements liés à des combats ou à des prélèvements trop importants d'animaux ou d'arbres, n'impliquent pas que la région concernée soit restée la même, écologiquement parlant.

Une région abîmée peut avoir atteint un nouvel équilibre écologique, avec une hydrologie et des espèces de faune et de flore différentes, un équilibre à la biodiversité plus riche ou appauvrie selon les cas ; un changement qui peut modifier la vie des populations, entraîner la mise en place d'activités agricoles différentes, voire rendre impossibles les pratiques agricoles précédentes. Les exemples du Cambodge bouleversé après la guerre intérieure des Khmers Rouges qui avaient cherché à rééduquer les citadins à la campagne, celui des forêts du nord-est de la France ou des Ardennes pour la Première Guerre mondiale, la lente cicatrisation du Vietnam avec les suites de la défoliation chimique aérienne, la transformation de certaines zones de la Bosnie-Herzégovine retrouvant la paix avec les mines et les déboisements, le destin de l'Albanie avec la militarisation bétonnée du paysage ou les incendies qui ont ravagé certaines zones du Tadjikistan au début de la guerre civile, rappellent que les apparentes et postérieures « normalisations » des écosystèmes peuvent masquer des modifications importantes et définitives.

Des pays ou des régions meurtris par les guerres peuvent donc, à moyen ou long terme, revivre, mais totalement transformés, par le conflit ou la réhabilitation qui suit les affrontements. Les nouvelles générations, le temps aidant, n'ont pas pleinement conscience de vivre au sein d'un espace qui, pour cause de guerre, ne ressemble guère à celui de leurs prédécesseurs ou de leurs ancêtres. Quel promeneur d'une forêt de Verdun saura qu'il foule actuellement un ancien paysage agricole labouré qui ne comportait aucun arbre avant la Première Guerre mondiale ? Quel autre flâneur pourra savoir que la forêt de Rambouillet qui l'enchante aujourd'hui a été totalement transformée, notamment du point de vue des essences plantées, parce qu'elle fut coupée et pillée pendant le siège de Paris en 1870 ? La mémoire des lieux et des écosystèmes s'efface d'autant plus rapidement dans les pays industrialisés que nous avons presque tous migré vers la ville et ne considérons souvent la nature que comme un décor.

Autre exemple : les destructions environnementales de dizaines d'années de combats entre les catholiques et les protestants dans les Cévennes, la longue guerre des Camisards, ne subsistent guère que dans la mémoire de quelques parpaillots. Ailleurs, dans les pays du Sud, la mémoire orale n'est pas plus fidèle, ne retenant qu'un certain temps la disparition des « animaux que nous chassions », comme me le disait il y a quelques années un vieux fermier noir venant de retrouver, dans le nord de l'Afrique du Sud, les terres confisquées à sa famille par les colons blancs Afrikaners soixante-dix ans plus tôt.

Après les conflits entraînant d'importants transferts de population, en Tchéquie pour les Sudètes, en Bosnie-Herzégovine, au Rwanda pour les Hutus, en Afrique centrale pour les Pygmées, en Afrique du Sud pour les Noirs parqués dans les bantoustans, pour les Palestiniens, pour les Russes prenant les terres des Tatars en Crimée, la question de l'identification au nouvel écosystème (donc son acceptation…) se pose encore moins puisque les réfugiés ou les nouvelles populations n'ont pas la connaissance des territoires dans lesquels ils s'installent ou ont été installés de force après un conflit. En fin de compte, les nouveaux occupants transférés quelque part pour cause de guerre participent également de la modification écologique consécutive à la guerre, avec une culture et des références différentes, de nouvelles méthodes de gestion du territoire, d'irrigation ou de pratique agricole ; avec tout un cortège de disparitions ou d'apparitions de faune et de flore qui ne sont répertoriées que par les naturalistes disposant de références qui ne passionnent guère les responsables politiques et les nouveaux venus. Car la question des dégâts écologiques, à la fois complexe et récente, est logiquement battue en brèche par les urgences qu'imposent de grands déplacements de population. Ce qui induit donc, dans ces cas de figure encore plus que pour les autres, une discussion comparative – réservée aux écologistes – à propos des deux écosystèmes qui se succèdent entre la guerre et la paix : lequel est le mieux ? Question à laquelle il n'existe pas de bonne réponse, évidemment…

Dix mille années de guerre

Pourtant, s'agissant de conflits, l'espèce humaine dispose d'un recul important. La guerre est une activité humaine très ancienne : les premiers combats ont éclaté il y a environ dix mille ans, au Néolithique, probablement lorsque les *Homo sapiens* sont passés du stade de la cueillette à celui de la production, de la chasse à l'agriculture, activité nouvelle entraînant la sédentarisation. Celle-ci impliquait la naissance d'une notion de « frontière », de « territoires » à défendre ou à conquérir sur les meilleures terres, qui se trouvaient en général dans les estuaires et sur les rives des grands fleuves au bord desquels se déroulèrent les premières « batailles navales ». À proximité, des forêts où pouvaient se cacher les « ennemis » lorgnant sur la terre défrichée : la forêt remplissait déjà une fonction de lieu d'embuscade et de repli pour des groupes humains concurrents. Il y avait compétition pour l'accès aux ressources naturelles. Le développement de la hiérarchie sociale et donc l'invention de la notion de chef, le début du commerce à « longue » distance et la naissance des villages « protégés » ont pu contribuer à initier les premières guerres. Il est possible aussi que les changements climatiques aient pu entraîner des conflits. Ce début d'explication ne répond pas à une autre question : la guerre est-elle le produit de la culture et d'une société, fût-ce une société minuscule, ou bien une donnée biologique ?

Les premières guerres modifiant directement et sciemment l'environnement se sont déroulées il y a quelques milliers d'années en Mésopotamie, quand, pour assurer leurs conquêtes ou préparer leur domination, les petites formations militaires de l'époque choisissaient de détruire systématiquement les digues servant à irriguer ou à protéger des inondations les terres de leurs ennemis. Il fallait souvent des années pour reconstruire les barrages et reconstituer les écosystèmes détruits, bien après la disparition de nombreuses espèces inféodées à l'eau. Parfois les cours de certaines rivières ou fleuves se trouvaient définitivement détournés sur quelques kilomètres, des bras morts créés ou supprimés. Il y a quelques milliers d'années, des affluents du Jourdain et des méandres de l'Euphrate ont été détournés ou modifiés par des actions guerrières ou des conquêtes. Des historiens racontent par exemple que la ville-vestige jordanienne de Pétra, décor des *Aventuriers de l'arche perdue*, dut être abandonnée par ses habitants parce que leurs ennemis avaient réussi, faute de pouvoir y pénétrer, à détruire et détourner tous les systèmes d'adduction d'eau. Repousser les eaux hors d'une cité, détruire les barrages, la méthode fut utilisée en Grèce et par les légions romaines.

Dans ses aventures militaires vers l'Orient, Alexandre le Grand organisa à plusieurs reprises le démantèlement de grands ouvrages d'irrigation, en Asie centrale, dans le nord de l'Afghanistan et aux confins de l'Indus. Le souverain Nabuchodonosor, en 596 avant J.-C., détruisit le système d'irrigation de la ville de Tyr pour réduire à sa merci les habitants assiégés. Cette destruction des aménagements hydrauliques fut utilisée également par les troupes de Gengis Khan et de ses successeurs, toujours en Asie centrale. Elle n'a évidemment pas laissé de traces visibles aujourd'hui ; sauf à considérer, ce qui est tout à fait plausible quand on examine de près l'état de la région, qu'elle ait entraîné la désertification définitive de certaines zones, dans le nord de l'actuel Turkménistan, autour de la ville de Mary notamment. Après le siège de Pékin en 1215, le même Gengis Khan jeta des millions de Chinois sur les routes, faisant détruire les cultures, les canaux d'irrigation, brûlant les villages et les réserves de semences, provoquant une immense et peut-être première catastrophe écologique. Au milieu du XIIIe siècle, ses descendants ravagèrent et désertifièrent le territoire de la Hongrie et de la Pologne.

La tactique de la terre brûlée

Dans l'histoire récente, la méthode fut réutilisée, mais à l'échelle et avec les moyens de notre époque. En 1938, au cours de la deuxième guerre sino-japonaise (1937–1945), les Chinois ne trouvèrent rien d'autre pour enrayer l'avance des troupes japonaises que de dynamiter le barrage de Huayuankow sur le Huang He – le fleuve Jaune. Des milliers de soldats japonais périrent noyés et la progression de leur armée fut arrêtée. Mais la brusque inondation ravagea en grande partie trois provinces chinoises, recouvrant 7 millions d'hectares de terres agricoles, envahissant onze villes et plusieurs milliers de villages. Des milliers de Chinois furent tués, 12 millions d'entre eux se retrouvèrent sans maison et la meilleure partie des terres arables fut balayée, avec des millions de mammifères sauvages et tout ce qui composait la biodiversité de la région. On raconte aussi que, comme cette opération désespérée eut lieu au mois de juin, des centaines de milliers d'oiseaux au nid furent emportés avec leurs couvées. Il fallut des années pour que la région efface les plus visibles des cicatrices écologiques et humaines de l'un des actes les plus fous commis contre l'environnement par une armée pour se sauver. Comme une quintessence de la politique de la terre

brûlée. Dans la végétation et le paysage, la fantastique coulée d'eau peut encore se lire. Elle reste aussi dans la mémoire des hommes.
Cette politique de la « terre brûlée », destruction de tout ce qui peut servir à l'ennemi, fut utilisée à deux reprises sur les terres de Russie. La première tentative visait à retarder l'avance des troupes de Napoléon vers Moscou. Sa mise en œuvre obligea les armées impériales à attendre des approvisionnements, à stationner face à la capitale pour préparer le dernier assaut et à installer à Borodino, au bord de la Moskova, des fortifications de terre dont les traces sont encore visibles sous forme de monticules. Les Russes et les Français y célèbrent encore le souvenir des grognards et des cosaques du général Koutouzov. De plus, les lieux déboisés pour 128 000 hommes et leur subsistance, face aux 140 000 Russes vivant également sur l'environnement, n'ont jamais été replantés. Quelques semaines plus tard, la physionomie et les forêts de Moscou furent également transformées par le Grand Incendie de la capitale dont l'ampleur força l'Empereur à repartir en plein hiver à travers une immense plaine boisée déjà dévastée.
Pendant la Seconde Guerre mondiale, en automne, les troupes soviétiques battant en retraite devant l'offensive allemande lancée fin juin 1941 utilisèrent la même tactique : les fermes, des villages entiers, les animaux domestiques, les récoltes, des forêts furent systématiquement détruits ou brûlés sur ordre de Staline et surtout du maréchal Joukov. Les troupes allemandes, à court de munitions et de vivres, durent marquer la pause devant Moscou. La capitale était sauvée et les Soviétiques pouvaient lancer une contre-offensive. Comme les régions en partie volontairement dévastées au cours de l'été 1941 le furent une seconde fois par la progression des armées soviétiques qui se termina à Berlin en 1945, une large part de l'immense plaine russe occidentale boisée fut bouleversée pour des années. Les destructions forestières restèrent clairement lisibles dans le paysage, en particulier dans l'actuelle Biélorussie, jusque dans les années 70. En outre, un nombre considérable d'arbres, comme dans le

nord-est de la France après la Première Guerre mondiale, conservent encore dans leur bois des éclats rendant difficile leur exploitation. Et il fallut, autre exemple, des dizaines d'années pour que se (re) constitue le patrimoine faunistique de la réserve naturelle de la Bérézina, la faune ayant, sur les parcours des armées, été décimée ou chassée au cours d'un hiver qui, même du point de vue russe, fut particulièrement rigoureux. Pour les mêmes causes et selon des processus semblables, les forêts de l'Est et du Sud lituanien ont été ravagées au début de la Seconde Guerre mondiale puis lors de la reconquête des pays Baltes par les troupes soviétiques. Enfin, toujours dans cette partie du monde, toute la région de Leningrad, assiégée en vain pendant neuf cents jours par les troupes de Hitler, fut ravagée, et les forêts arasées par les Allemands et par les Russes assiégés dont c'était le seul combustible. La catastrophe s'ajoutait à des centaines de milliers de tués et de morts de faim et à une destruction partielle de la ville. Il fallut une cinquantaine d'années pour que les espaces boisés retrouvent leur aspect normal dans la ville, sur l'embouchure de la Neva et sur les rives du golfe de Finlande. La faune mit une quarantaine d'années à se reconstituer mais de nombreuses espèces de mammifères manquent définitivement à l'appel.

Destruction de barrages

Les avions des forces alliées, en mai 1943, détruisirent en une seule opération deux barrages de la vallée de la Ruhr, celui de Eder et celui de Möhne. Une vague de dix mètres de haut se rua dans la vallée à une vitesse de sept mètres à la seconde; résultat: 120 usines détruites ou très endommagées, 25 ponts disparus, 25 stations d'épuration dévastées, des mines noyées, des milliers de morts, Allemands ou travailleurs forcés étrangers et des milliers de tonnes de terres arables emportées au loin. Le bilan humain et écologique de cette opération n'a jamais vraiment été fait. Probablement, comme pour la destruction totale de Dresde, parce que ce bombardement décidé pour des raisons de stratégie était organisé par les « bons » contre les « méchants » et parce qu'à cette époque les dégâts à l'environnement n'étaient pas du tout pris en compte.

Il fallut des années pour que le paysage guérisse et se reconstitue mais la terre cultivable ne revint évidemment jamais et l'on discerne encore le tracé des milliers de mètres cubes d'eau qui ont défilé dans la vallée en quelques minutes. Cette opération massive mais isolée ne fut pas renouvelée sur le territoire allemand. En revanche, pendant la guerre de Corée, les Américains conduisirent sur le territoire de la Corée du Nord une politique systématique de destruction des barrages. Elle visait à noyer une partie du pays, à faire disparaître les infrastructures routières et ferroviaires et à détruire les cultures. Cette opération qui se prolongea pendant plusieurs semaines fut considérée par les experts militaires de Washington comme l'une des « réussites » de cette guerre, alors que les dégâts humains et écologiques ont été considérables et que leurs effets ne sont toujours pas totalement effacés, notamment du point de vue de la qualité des terres agricoles. Depuis, les protocoles additionnels de 1977 et de 1980 à la Convention de Genève ont interdit ce genre d'attaques, qui, d'après le Protocole 1 de 1977, peuvent être assimilées à des « crimes de guerre ». Au même titre que l'usage massif des défoliants. Mais, surtout lorsqu'il s'agit de la nature et de l'environnement, les conventions ne servent en fait qu'à étayer des protestations postérieures et ne gênent pas les belligérants qui veulent parvenir à leurs fins en infligeant un maximum de dégâts avec un minimum de pertes dans leur camp.

Les guerres contre les Indiens

Un autre exemple, le plus impressionnant et le plus étendu, de remise en cause à long terme d'un écosystème et de sa destruction partielle autant que définitive, reste probablement celui de la profonde modification d'une partie du territoire des États-Unis, après la longue guerre menée contre les Indiens. La quasi-disparition des bisons abattus à la fois pour nourrir les pionniers du chemin de fer et affamer les tribus, l'intensification de la chasse également nourricière, grâce à la mise au point d'armes plus précises, sont les indicateurs les plus visibles de la transformation d'écosystèmes immenses. Les bisons ne furent sauvés de justesse que bien plus tard, au XXe siècle, sans qu'ils puissent retrouver des espaces permettant leur expansion, sans que puisse être reconstitué leur biotope et ce qui faisait son originalité. Quant aux grandes prairies, elles ont été en partie, grâce à la victoire sur les premiers occupants indiens, livrées à l'élevage intensif et surtout aux cultures également intensives. Ce qui entraîna la formation, dès les années 20 du siècle dernier, du tristement célèbre *dust bowl*, la zone semi-désertique qui continue à s'étendre dans le centre des États-Unis. Conséquence d'une érosion provoquée par le passage de l'utilisation légère par les Indiens disparus ou regroupés dans des réserves à celle des fermiers lourdement mécanisés qui ont progressivement pris possession de leurs territoires. Cette destruction armée et systématique d'une civilisation fondée sur une utilisation « durable », même si elle n'en était évidemment pas consciente, a entraîné une baisse importante de la biodiversité, l'affaiblissement des populations d'oiseaux signalé dès le début du siècle par les organisations écologistes Sierra Club et Audubon ainsi que la disparition de nombreuses plantes médicinales. Cette partie de la flore est toujours celle qui disparaît en premier lors de conflits qui sont aussi des chocs de civilisation. Cet appauvrissement floristique essentiel caractérise les affrontements entre les colons européens et les premiers occupants, de l'extrême nord à l'extrême sud du continent américain. La guerre, à la fois de conquête et de conversion, menée sur le territoire de l'Amérique latine, du Mexique au Chili en passant par les îles des Caraïbes et l'Amérique centrale, a entraîné la disparition de plusieurs civilisations et la remise en cause des modes de vie des peuples de la forêt, au point d'amener certains d'entre eux, les plus chanceux, à s'inventer de nouveaux lieux de vie. Ce fut le cas des Indiens Kuna, qui, pour sauver leur peuple, durent quitter leur forêt colombienne avant de coloniser un chapelet d'îles au large de Panamá. Ce peuple de la forêt s'est transformé avec un certain succès en peuple de la mer voué en grande partie à la pêche. Mais aujourd'hui, quand on suit leurs médecins des plantes et leurs chamans dans leurs pérégrinations sur le littoral panaméen très proche de leurs îles, on comprend l'ampleur du savoir qu'ils ont laissé dans leur écosystème au moment où ils ont fui les conquistadores. Peu à peu, leurs chamans reconstituent ces savoirs et leur pharmacopée dans la forêt tropicale du littoral. De ces guerres menées par les conquérants espagnols, le frère Bartolomé de la Casas écrivit au début du XVIe siècle : « Partout où elles ont été faites, ces guerres ont été, sont et seront injustes, iniques et tyranniques. Et elles sont condamnées par toute loi naturelle, humaine et divine. Toute guerre menée par les Indiens contre tout Espagnol ou Chrétien qui leur aura fait d'abord semblable guerre est absolument juste. » Il n'est pas surprenant que les ouvrages de ce religieux, *Très Brève Relation de la destruction des Indes* et *Histoire des Indes*, ouvrages protestant contre la destruction des structures et de l'écologie des Indiens, ainsi que de leurs semences, n'aient été publiés qu'au XIXe siècle.

Les peuples et leurs civilisations, des Aztèques aux Incas en passant par les Mayas, ont disparu rapidement, en tant que peuples, dans les affrontements. Cela a entraîné de profondes modifications des écosystèmes au sein desquels ils vivaient et dont ils avaient au moins en partie inventé ou consolidé les équilibres. Les disparitions, brutales d'ailleurs, de ces civilisations se sont la plupart du temps traduites par la dislocation des systèmes de retenue d'eau et d'irrigation, par des modifications de pratiques agricoles et d'élevage, par des chutes brutales de la biodiversité de la flore, avec toutes les conséquences que l'on peut facilement imaginer sur la faune. Dans les Andes, au Mexique et au Guatemala, l'appauvrissement de la faune date de l'époque de la Conquête. Cette guerre rapide menée contre des hommes et leurs responsables qui concevaient et organisaient une gestion minutieuse de l'espace, des cultures et des approvisionnements, a provoqué un véritable effondrement des écosystèmes, ainsi que toute une cohorte de disparitions dont on peine encore à mesurer l'ampleur, mais dont il est possible de mesurer la trace grâce aux récits des voyageurs-naturalistes des XVIIe et XVIIIe siècles.

Le temps des assassins

En forêt amazonienne, ce ne sont pas, à cette époque de la conquête, les écosystèmes qui ont été touchés, mais les peuples. Pourchassés, repoussés loin des biotopes qui leur étaient familiers, ils ont d'autant plus dû renoncer à une partie de leurs savoirs qu'ils ont été progressivement décimés par les derniers combats, les conversions forcées et les maladies parfois transmises volontairement par distribution de vêtements contaminés. Cette destruction se poursuit aujourd'hui dans le bassin amazonien avec la « guerre » menée par les grandes sociétés qui possèdent jusqu'à 600 000 hectares de forêts, par les chercheurs de diamants, les chercheurs d'or et les *seringueros* qui saignent les hévéas. Il s'agit bien d'une guerre, d'une guerre qui se poursuit, puisque tous ceux qui exploitent la forêt amazonienne sont protégés, appuyés ou précédés par des milices armées. La victime la plus célèbre de cette guerre menée contre l'Amazonie fut Chico Mendès, tué en 1998, et la dernière, Dorothy Stang, une religieuse d'origine américaine ayant voué sa vie à la forêt et à ses habitants. Elle a été abattue de six balles au début du mois de février 2005. D'après des statistiques communiquées quelques jours après l'assassinat par la hiérarchie catholique brésilienne, depuis 1985, plus d'un millier d'Indiens et de paysans ont disparu de mort violente pour avoir osé s'opposer à la destruction de la forêt et à l'accaparement des terres dans les provinces amazoniennes. Soixante-dix enquêtes ont été ouvertes et 14 condamnations prononcées. La logique des conquistadores continue à faire des ravages. Suite au dernier meurtre qui a soulevé l'indignation dans le pays, le président brésilien Lula a décidé la création d'un parc national dans la région concernée. Un moyen comme un autre, avec des outils nouveaux, de tenter de mettre fin à la guerre qui se poursuit dans le bassin de l'Amazone depuis des dizaines d'années.

Pendant ce temps, les tribus indiennes continuent de s'enfoncer au cœur de la forêt, toujours plus loin, en abandonnant les écosystèmes qu'ils connaissent ou connaissaient.

Illustration tragique, toujours au Brésil : les Guarani-Kaiowa qui occupaient encore il y a deux cents ans 8 millions d'hectares de terres dans la province de Mato Grosso do Sul, aux confins du Paraguay et de la Bolivie, n'en occupent plus que 80 000. Leur chef, Marcos Verón, qui était venu en Europe au début du XXIe siècle pour expliquer la misère de son peuple, a été assassiné en janvier 2003 par une milice au service des éleveurs de bétail. Ces derniers Indiens racontent avec désespoir qu'avant la véritable guerre menée contre eux la région était couverte de forêts où ils pouvaient chasser et récolter de quoi se soigner. Ce peuple encerclé et menacé connaît un taux de suicide très élevé, suicides qui concernent aussi bien les très jeunes que les anciens. Peu à peu, des villages qui reçoivent des rations alimentaires pour survivre abandonnent toute agriculture et toute leur culture « écologique ». Comme s'ils abandonnaient la partie, fatigués de lutter, de résister.

Ce type de renoncement, soit volontaire soit comme suicide inconscient de désespoir, à des connaissances millénaires a amené pour beaucoup de tribus ou d'ethnies l'oubli des plantes et de leurs usages, plantes et usages que le Brésil est en train de redécouvrir peu à peu. Cette redécouverte peut à la fois sauver des écosystèmes et des hommes, dans le sillage de ce qui a été initié avec l'aide et la participation des Indiens, dans le petit État d'Amapá, au nord du pays. Une redécouverte qui amène à un autre type de guerre : la défense de ses richesses contre la prospection des grandes multinationales qui veulent, ou voulaient car les lois brésiliennes sont de plus en plus restrictives et contraignantes, identifier un maximum de principes végétaux actifs pour pouvoir ensuite les breveter. Ce qui revient, quelques siècles plus tard, à reprendre la « guerre » contre ce qui reste des nations indiennes au sein des forêts qui les protègent de plus en plus mal. Si les Indiens et leurs alliés ne gagnent pas cette dernière guerre, il est probable que la forêt amazonienne qui perd des millions d'hectares chaque année finira par disparaître, entraînant l'extinction des centaines d'espèces d'animaux et de plantes dont nous pouvons tous avoir un jour besoin.

Forêts, obstacle et abri

La Première Guerre mondiale, guerre de position plus que de mouvement, a laissé des traces dans beaucoup de forêts du nord-est de la France, des Ardennes jusqu'aux Vosges. Malheureusement pour les arbres, les espaces boisés constituent pour les combattants soit un obstacle, soit un abri. Les exemples historiques ne manquent pas. Les Gaulois, tout comme les Germains, réussirent à résister longtemps aux Romains grâce à leur utilisation de la forêt et l'odyssée anglaise et mythique de Robin des Bois rappelle que cet allié forestier de Richard Cœur de Lion est considéré comme l'inventeur de la guérilla forestière parce qu'il sut faire une forteresse de la forêt. Les chouans de Vendée et de Bretagne résistèrent longtemps aux troupes gouvernementales en se réfugiant à l'intérieur des espaces boisés que leurs adversaires tentaient de rétrécir en abattant des arbres, en particulier le long des routes propices aux embuscades ; c'est de cette époque que date l'élargissement des chemins dans cette région, tout comme les premiers arasements de haies derrière lesquelles les chouans pouvaient s'approcher de leurs objectifs ou se dissimuler au cours de leur progression dans le bocage.

Autour de la célèbre cuvette de Diên Biên Phu, les forces du Viêt-minh ont préparé leurs attaques à partir d'une immense ceinture forestière de 200 km de profondeur au sein de laquelle ils pouvaient se réfugier, alors que les troupes françaises avaient commis l'erreur de s'installer dans un espace dénudé. Ils oubliaient que les rebelles, les maquisards, les révolutionnaires ou les résistants de tout bord, des anarchistes de Makhno dans les années 20 aux groupes proallemands des confins de l'Ukraine ou de la Lituanie à la fin des années 40, ont toujours cherché et trouvé refuge dans les forêts ; leçon historique allant de la Tchétchénie à la Grèce, en passant par le Nicaragua ou Cuba. Pour des guerres victorieuses ou désespérées ayant pour point commun de mener à la destruction totale ou partielle des espaces boisés.

Autre exemple : les massifs forestiers français ont servi de refuges et de bases aux maquisards résistants aux Allemands. Les nazis, qui se voulaient pourtant chantres des beautés naturelles et d'une écologie aux relents plus que douteux, détruisirent ou incendièrent des forêts pour mieux pourchasser les résistants et détruire leurs caches et leurs quartiers généraux. De nos jours, on peut encore discerner les traces des incendies allumés par les forces allemandes dans la région d'Apremont, en forêt de Fontainebleau. Pour déloger des groupes de résistants, plus de 3 000 hectares furent détruits dans cette zone où les incendies de forêts sont rares.

Protection ou obstacles de guerre ou de guérillas, les deux hypothèses sont également préjudiciables aux forêts puisque l'un des deux belligérants cherche à détruire le couvert forestier, tandis que l'autre cherche à l'aménager pour résister en coupant des arbres. Ce qui explique les gros dégâts forestiers constatés, par exemple, en Bosnie ou en Croatie ou pendant la guerre de 14-18 : le déroulement de ces conflits pouvait être bouleversé en quelques jours ou quelques heures en inversant le type de destruction. Sans oublier, pour la Première Guerre mondiale, le bouleversement des zones agricoles qui peuvent ne plus ressembler à ce qu'elles étaient avant le conflit, parce que les hommes ont volontairement changé leur affectation. Par respect pour les morts, dans la région de Verdun notamment, les autorités locales ont décidé il y a longtemps que les zones les plus touchées par les combats ne seraient pas remises en culture mais plantées pour constituer de nouvelles forêts et devenir des « espaces de mémoire ». Ailleurs, sur ces zones ravagées par les combats, phénomène à la fois surprenant et magnifique, la forêt s'est constituée ou reconstituée d'elle-même : en raison des bouleversements des sols labourés sans répit par les explosions, des millions de graines en dormance depuis des dizaines d'années, parfois plus d'un siècle, ont germé immédiatement après le conflit parce qu'elles avaient été ramenées à la surface des sols, qu'ils aient été agricoles ou forestiers. Le labourage brutal et profond par des obus de plus en plus puissants a fait surgir des espèces à croissance plus rapide, aux dépens des chênes détruits, entre autres. Des merisiers, des frênes et des érables ont surgi ; avec tout un cortège de plantes comme les carex, les chardons et les framboisiers sauvages et aussi des ronciers devenus rapidement impénétrables. Une résurgence d'une végétation oubliée parce que enfouie avant la guerre sous l'exploitation agricole ou sous des arbres dont les ombres portées ne facilitaient pas la régénération naturelle. Aujourd'hui, dans les grandes forêts reconstituées ou modifiées, il faut être un spécialiste averti des arbres pour distinguer les « nouvelles » forêts des anciennes, forêts qui, même différentes, auront mis un siècle pour (presque) effacer toutes traces de la guerre. Le phénomène de « réveil » des semences naturelles, à une autre échelle, peut se constater et donc se comprendre de nos jours : quand, accidentellement, un engin agricole « rate » son épandage annuel de désherbant dans un champ de blé ou de maïs, on voit, sur quelques mètres ou quelques dizaines de mètres, surgir les bleuets et les coquelicots « disparus » depuis parfois vingt ou trente ans, qui rappellent que le milieu naturel possède la fascinante faculté de se régénérer. Mais, la plupart du temps, en se transformant.

Les champignons de la guerre

Plus étonnant encore dans ces espaces de terres acides meurtries par les armes, les abris ou casemates en béton abandonnés ont secrété en se délitant lentement des « îlots » de terrain plus calcaire où les morilles, introuvables ailleurs depuis longtemps, poussent en grande quantité à chaque printemps. Mais il y a encore plus surprenant : pour trouver des champignons, il suffit de bien connaître la terrible géographie de la guerre. Car, exactement sur les parcours aujourd'hui quasiment indécelables des tranchées qu'il a fallu combler avec des engins de terrassement après la guerre, surtout quand le terrain est à nouveau boisé, poussent de nombreux champignons, notamment d'excellents coprins chevelus. Ils marquent, au mètre près, le tracé des tranchées comblées, du côté français et du côté allemand. Ce phénomène, pour lequel les scientifiques ne fournissent pas d'explications vraiment satisfaisantes, se constate notamment dans les forêts du Sundgau, dans l'extrême-sud de l'Alsace, en Argonne et dans la Marne. Selon une des hypothèses avancées, en creusant les tranchées, les militaires ont coupé des milliers d'arbres en laissant derrière eux des racines dont le pourrissement n'est pas encore achevé près d'un siècle plus tard ; ces racines facilitent le maintien et la propagation du mycélium, les filaments blancs souterrains qui provoquent la pousse de nombreux champignons. Néanmoins, ce « traçage » des anciennes tranchées est un phénomène à la fois étonnant et bouleversant. Les rares mycologues qui s'intéressent à ces phénomènes ont même trouvé dans les zones labourées par les bombardements et sillonnées par les « souvenirs » des tranchées, en Alsace et ailleurs, des champignons, comestibles ou non, qui ont pratiquement disparu du reste du territoire français. Comme si la violence du conflit et surtout les fantastiques retournements de terre avaient fait réapparaître des espèces disparues. Après tout, dans les tombes égyptiennes et dans celles du Moyen-Orient, les scientifiques ont trouvé des graines vieilles de milliers d'années qu'ils ont réussi à faire germer. Des trouvailles de ce type, avec germination tardive, ont été faites dans des tombes de soldats et d'officiers dans le centre de la Chine. La nature est donc « disposée » à rendre à l'espèce humaine les espèces que les guerres paraissent avoir éliminées.

Le bois « mitraillé »

Autre conséquence également ignorée ou oubliée de la guerre de 14-18, de nombreux arbres ayant survécu aux batailles avaient été bombardés. Ils contiennent des balles et des éclats d'obus, débris métalliques auxquels il faut ajouter les morceaux de fil de fer barbelé que la croissance des arbres a incorporé à leurs troncs. Cette ferraille absorbée par les arbres qui ont continué à croître normalement, en effaçant lentement des blessures aujourd'hui indécelables, a longtemps empêché une exploitation normale de ces forêts sur des centaines de milliers d'hectares, en France comme en Belgique. Ces espaces boisés pouvaient recevoir par hectare, au plus fort des combats, jusqu'à 150 obus de gros calibre par jour, avec dispersion de milliers d'éclats. Ces arbres étaient beaucoup plus difficilement exploitables que les autres, les engins des scieries se brisant trop souvent sur les éclats métalliques nichés au cœur des troncs. Déjà sur place, une fois passé le temps des grandes scies mécaniques qui s'ébréchaient, la coupe de ces arbres avec des tronçonneuses motorisées s'était révélée souvent dangereuse pour les bûcherons, les obligeant à travailler avec beaucoup de précautions pour ne pas se blesser et casser leurs engins. À l'origine, expliquent les spécialistes de la forêt du nord-est de la France, on comptait plusieurs centaines de milliers d'hectares de forêts fortement mitraillés. Aujourd'hui il en resterait environ 100 000, notamment dans la région de Verdun. Ce « bois mitraillé », comme on l'appelle dans toutes les forêts touchées par la guerre, avait évidemment subi une importante perte de valeur pour les propriétaires privés comme pour les communes dont cela peut être la ressource principale. L'Office national des forêts a donc mis au point dans les années 70, pour diminuer les risques et revaloriser les forêts suspectes, des centres équipés de systèmes de détection fonctionnant sur le principe de l'électromagnétisme. Le procédé permettait de faire un premier tri dans les arbres susceptibles d'avoir été touchés.

Un seul chiffre permet de mesurer l'ampleur du problème posé : en 1987, sur les 23 500 m^3 de bois transportés au centre de détection de Champ-Le-Duc, un peu plus de la moitié recelait un éclat métallique et près d'un tiers au moins deux éclats. Malgré tout, le dernier centre public de ce type a fermé en 2003. En effet, les « bois mitraillés » représentent une proportion de moins en moins importante des récoltes, et les scieries privées se sont équipées en engins de détection qui permettent d'éviter à la fois la casse et les accidents. Cela ne règle pas un autre problème, celui du nettoyage des « zones rouges » où l'Office national des forêts, en collaboration avec le BRGM, le Bureau de recherches géologiques et minières, travaille au repérage et à l'élimination des mines et des munitions non explosées souvent profondément enfouies dans les sols. Dans les régions les plus touchées, les techniciens estiment que les terrains contiennent plusieurs tonnes de métal par hectare. C'est notamment le cas des régions de la Marne et de l'Argonne et évidemment celui de la zone tristement célèbre du Chemin des Dames où, de part et d'autre, les pilonnages d'artillerie durèrent plusieurs semaines, tuant et blessant des dizaines de milliers de soldats allemands et français. D'autres forêts furent également touchées en 1940 autour de la fameuse ligne Maginot. Et en novembre 1944, lors de l'offensive alliée entre Thionville et Metz, les forestiers enregistrèrent des dégâts semblables, tout comme dans les forêts allemandes où se déroulèrent d'autres combats acharnés au début de 1945. Mais aussi bien, dans la région de Thionville, les dégâts n'égalèrent pas ceux de 1914 parce qu'il s'agissait beaucoup plus d'une guerre de mouvement ne concentrant que rarement longtemps des tirs dans les mêmes zones. Les destructions ont été relativement importantes dans les zones boisées des Pays-Bas, pays qui n'a jamais été très riche en forêts.

La guerre chimique

L'élimination de la protection arborée par le pilonnage, en 14-18 et pendant la Seconde Guerre mondiale, en Europe, sur les îles japonaises, ou au cours des affrontements de la guerre de Corée représentait manifestement, du point de vue des effets sur le milieu naturel et la forêt, un véritable « gaspillage » énergétique. Il fallait beaucoup d'obus pour hacher menu les arbres. Les militaires, toujours imaginatifs, finirent par trouver un « remède » à cette erreur manifeste : la défoliation par des produits chimiques. Les militaires et leurs commanditaires politiques réalisèrent que la méthode était en plus un superbe gisement d'économies. Ils y pensaient fortement depuis la deuxième moitié de la Seconde Guerre mondiale, le Japon n'échappant, après quelques essais sur des petites îles en 1944, à cette attaque chimique programmée qu'en raison du succès du largage des deux premières bombes atomiques – il n'est pas nécessaire d'en souligner les effets à long terme sur les hommes et l'environnement. Les Américains, qui n'avaient alors que théorisé la méthode, utilisèrent aussi comme référence d'efficacité sur les zones boisées abritant des combattants les petites expériences faites par les Britanniques en 1954 et 1955. L'armée anglaise avait répandu divers herbicides sur quelques régions de Malaisie pour effacer les zones forestières où se réfugiaient des rebelles à leur domination coloniale. Les essais se révélèrent plus que concluants pour le repérage des groupes clandestins et de leurs caches. Après quelques tentatives grandeur nature à la fin du conflit coréen, puis en 1961 à la frontière du Cambodge et du Vietnam, les Américains utilisèrent cette méthode à grande échelle au Vietnam à partir de 1962.

Au Vietnam, le président Johnson et les Congrès lancèrent ce qui fut l'Opération Hades, rebaptisée par la suite Rand Hand. Elle ne prit fin qu'en septembre 1971, sous la pression d'une partie de l'opinion publique américaine, de nombreux pays européens et de la gauche de l'époque. La défoliation aérienne cessa donc quatre ans avant que le dernier soldat américain ne quitte Saigon et le Vietnam en avril 1975, alors que le corps expéditionnaire états-unien avait compté jusqu'à 550 000 hommes. Cette première guerre chimique de l'histoire consista pendant neuf ans à déverser entre 65 et 77 millions de litres (selon les sources) de défoliant et de désherbant sur les forêts et les cultures du Sud-Vietnam. Dans cette pluie chimique, le plus utilisé des produits fut le tétra-chloro-dibenzo-para-dioxine, plus connu sous le nom d'« agent orange », contenant de 3 à 10 milligrammes de dioxine par litre. « Orange » non pas à cause de la couleur du produit, en général rosâtre, mais à cause de celle des bidons dans lesquels furent transportés depuis les États-Unis les 45 millions de litres avec lesquels le Vietnam fut aspergé par avion ou hélicoptère. Les autres produits, « agent blanc » (à base de phénols) ou « agent bleu » (composé d'arséniate), aussi nommés en référence à la couleur des bidons, n'étaient pas moins nocifs. Tous avaient été mis au point puis fabriqués par des firmes comme Dow Chemical, Uniroyal Chemical ou la célèbre Monsanto dont le désherbant arrose aujourd'hui la Colombie, en attendant l'Afghanistan.

Des millions d'hectares défoliés

En neuf ans, entre 2,5 et 3 millions d'hectares ont été traités aux défoliants ou aux herbicides au moins une fois. Un travail de titan puisque chaque avion, en général des cargos C-123, ne couvrait qu'une bande de 150 mètres de large sur un peu plus de 8 kilomètres au cours d'une mission. Cette aspersion toucha un peu plus de 20 000 villages, provoquant entre 2 et 4 millions de victimes vietnamiennes, auxquelles il faut ajouter les très nombreux Américains, civils ou militaires, qui furent contaminés et dont la descendance fut affectée. Des années plus tard, nombre de vétérans du Vietnam touchés ont pu obtenir des indemnités de leur gouvernement. Depuis 2003, suite à une décision du Congrès, de nouveaux procès sont en cours, y compris ceux intentés, depuis le début de 2005, par des Vietnamiens n'ayant comme recours que de mettre en cause les sociétés qui ont fabriqué les produits utilisés par l'aviation américaine.

Les effets sur les hommes sont hélas suffisamment évidents pour que l'on ne s'y attarde pas. Les associations de victimes, les recherches des scientifiques américains et au début des années 70 les audiences du « Tribunal Russel », du nom d'un célèbre aristocrate pacifiste anglais, ont détaillé les maladies engendrées par l'absorption des différentes dioxines. L'une d'entre elles a fait une irruption inattendue dans l'actualité à l'automne 2004 avec la tentative d'empoisonnement subie par Viktor Iouchtchenko, le candidat à l'élection présidentielle en Ukraine. Il avait suffi de quelques milligrammes de dioxine glissés dans un plat d'écrevisses et dans un verre de vodka au cours d'un repas organisé au siège des services spéciaux ukrainiens pour que cet homme politique frôle la mort, que son visage se boursoufle sous l'effet d'une acné et pour qu'il soit obligé de prendre de fortes doses de morphine pour atténuer ses souffrances. En mars 2005, les traces de l'empoisonnement étaient toujours visibles sur sa peau et ses souffrances à peine atténuées. Le nouveau président de l'Ukraine n'avait pourtant absorbé qu'une dose infime. D'après les aveux de certains membres des services spéciaux ukrainiens, elle n'était pas destinée à tuer mais à le rendre incapable de mener sa campagne électorale. Il a pourtant failli en mourir et n'a dû son salut qu'à un transport d'urgence dans une clinique de Vienne, à sa très robuste constitution et à des soins quotidiens intensifs. Cet épisode politique a d'ailleurs fait apparaître que, dans le monde, les laboratoires d'analyse capables d'identifier la dioxine dans le sang étaient très rares.

Pourtant, en juillet 1976 l'accident industriel de Seveso en Italie, explosion d'un réacteur d'une usine d'Hoffman-Laroche produisant des herbicides, a libéré un nuage de dioxine sur 1 800 hectares, nuage qui a affecté durablement la santé de 37 000 personnes pour une dispersion de quelques grammes de produit. Pourtant encore, le monde vit toujours sous la menace de la dioxine-résidu industriel, pourtant enfin cette molécule chimique a souvent été identifiée dans les rejets des incinérateurs d'ordures ménagères. Tout se passe comme si ce produit, encore stocké et fabriqué discrètement alors qu'il ne possède aucun usage industriel connu, était dans l'attente d'une autre utilisation militaire et qu'il n'est pas vraiment « nécessaire » de trop attirer l'attention sur ce produit. Parce qu'il est bien plus efficace que, par exemple, celui employé en Colombie et fabriqué par Monsanto. La dioxine a pour avantage de résister jusqu'à une température d'un millier de degrés, de n'être pratiquement pas soluble dans l'eau et d'être dangereuse à des doses très faibles puisqu'un microgramme suffit à provoquer des avortements spontanés et des malformations chez les enfants à naître. Une caractéristique que soulignaient déjà Jean-Paul Sartre et Gisèle Halimi en 1970.

Nature et hommes empoisonnés à vie

Les Vietnamiens qui ont ingéré des doses infinitésimales de dioxine, dont près de 180 kg ont été dispersés sur le pays avec d'autres produits, ont d'autant moins eu la chance d'être soignés que, le cas Iouchtchenko et l'affaire de Seveso l'ont prouvé, il n'existe que des soins palliatifs à ce type d'empoisonnement. Pas de remèdes ou d'antidotes. Après les dégâts en partie irréversibles sur un certain nombre d'organes, en particulier le foie, la dioxine se fixe pour des dizaines d'années dans les graisses de l'organisme. Le processus d'élimination est très lent. Les Vietnamiens du Sud ont été victimes de lésions cutanées, d'acné (chloracné), d'altération du foie, d'effondrement de leur système immunitaire et donc de moindre résistance à des maladies graves, telles certaines formes de leucémie et différents types de cancer. Une liste de « maladies certaines » fut établie dans les années 80 par l'Académie des sciences américaine, les maladies « possibles » étant le cancer de la prostate, les cancers de l'appareil respiratoire et les malformations de la colonne vertébrale. Sans oublier les effets sur les enfants à naître, fausses couches ou malformations.

Restent évidemment les conséquences sur le milieu naturel et sur la faune de cette exposition à des produits qui avaient pour objectif, expliquaient les plans militaires de l'époque, de détruire la végétation le long des routes, des pistes et des rivières, d'éclaircir ou de supprimer les forêts denses de l'intérieur du pays où se cachaient les rebelles et les militaires nord-vietnamiens, et de détruire toutes les cultures dans les zones contrôlées par les Viêt-congs. Objectif « magnifiquement » atteint sur plusieurs millions d'hectares, dans l'intérieur du pays comme sur les mangroves du littoral. Des arbres touchés par un seul épandage, 10 % ont non seulement perdu leurs feuilles en quelques semaines, mais ils sont morts. La plupart des autres ont présenté des lésions et ont montré un net ralentissement de croissance, et 50 % des arbres touchés par une deuxième aspersion d'agent orange ou de l'un des autres produits sont morts dans l'année suivant la seconde dose. La plupart des espaces forestiers dévastés ont été colonisés

par des hautes herbes et des bambous, végétation inutilisable qu'il est très difficile d'éliminer, même avec de gros engins mécaniques. La disparition des arbres a entraîné un appauvrissement considérable en humus. Les Vietnamiens s'en sont rendu compte lors des opérations de reboisement qui ont concerné environ 70 000 hectares. Il faudra attendre encore au moins un siècle et engager des investissements considérables pour que le Vietnam retrouve son couvert forestier, lequel sera sensiblement différent de la forêt d'origine, ne serait-ce que parce qu'une dizaine d'espèces d'arbres ont totalement disparu. Environ 70 % des zones affectées ont souffert d'une importante érosion, laquelle a particulièrement touché les berges des rivières puisque celles-ci ont été plus souvent traitées que les espaces forestiers, dans la mesure où les cours d'eau servaient de voie de passage : les Viêt-congs pouvaient se réfugier sur leurs berges en cas d'alerte grâce au couvert forestier à la fois très dense et très varié. Cette élimination de la végétation le long des rivières permettait également aux vedettes américaines de patrouiller avec plus de sécurité en évitant les embuscades.
Sur les 500 000 hectares de mangroves du pays, 120 000 à 130 000 hectares ont été à plusieurs reprises soumis à la défoliation. Parfois, des équipes de militaires américains venues par la mer, les ont fini au lance-flammes. Ces forêts de bord de mer, constituant des écosystèmes largement plus complexes et fragiles que les milieux de l'intérieur, ont beaucoup plus souffert, à long terme, que le reste du pays. Là aussi l'érosion – par la houle et les vagues parvenant sur la côte – a été très importante. Les tentatives de restauration par l'homme y sont encore plus difficiles qu'ailleurs. Il faudra donc encore une cinquantaine d'années pour que certaines parties de la mangrove se reconstituent. Malheureusement, cet immense écosystème détruit ou endommagé offrait, comme partout où existent des mangroves, des lieux de protection à de nombreuses espèces marines, en particulier les crustacés qui ont toujours constitué une richesse du Vietnam. Cet effondrement de la faune aquatique a été particulièrement observé dans une région qui avait été particulièrement visée, celle de la forêt de Sat, non loin

d'Hô Chi Minh-Ville, l'ancienne Saigon. La biodiversité du littoral a été, selon les estimations, divisée par deux ou trois, ce qui a notamment entraîné la disparition de nombreux oiseaux inféodés à ces milieux. La moitié des espèces répertoriées autrefois par les ornithologistes français du temps de l'Indochine a disparu. La mangrove est de loin l'écosystème le plus endommagé, et pour très longtemps. Il n'est pas certain qu'il puisse se reconstituer naturellement partout.

Les 200 000 hectares de cultures touchées à plusieurs reprises, les rizières, les champs de maïs et les bananeraies, ont également subi des phénomènes d'érosion très importants, appauvrissant la terre, appauvrissement qui peut rarement être compensé par l'utilisation d'engrais dans la mesure où ce sont des composants minéraux essentiels qui ont été lavés par les crues survenant sur des espaces trop longtemps dépourvus de végétation. Dans ces espaces cultivés qui n'ont jamais retrouvé leur productivité, les naturalistes ont bien sûr constaté une disparition de nombreuses espèces de plantes médicinales. Le même phénomène se reproduit le long des cours d'eau et en forêts humides : dans les nouvelles herbes et dans les bambous, quasiment plus de plantes pour se soigner. Cette perte est grave car ces plantes de la pharmacopée asiatique étaient très utilisées dans les zones rurales depuis des millénaires. Alors que, le schéma est le même dans tous les pays du Sud, une grande partie de la population n'a pas accès aux médicaments classiques pour des raisons économiques.

L'agent orange ne pouvait qu'être néfaste à la faune. Les oiseaux, des mammifères et les poissons ont été directement empoisonnés et éliminés par les défoliants, tout comme les animaux domestiques que les Vietnamiens voyaient mourir quelques jours après les épandages. La modification et la dégradation des écosystèmes ont repoussé ailleurs ou fait disparaître les loups, les alligators, les sangliers et les pythons. Les habitats des éléphants, des tigres, des rhinocéros et des gibbons ayant été dévastés, ces espèces sont en forte régression. Gros dégâts, pour les mêmes raisons, dans la population de grues, d'ibis noirs, d'ibis géants et de nombreux autres oiseaux inféodés à la canopée qui s'est rarement reconstituée. D'autre part, pour toutes les espèces qui vivaient dans les espaces agricoles et forestiers, des chutes importantes de la fertilité ont été constatées. Et pour des raisons qui ne sont pas expliquées, cette baisse de la fertilité persiste plus de trente années après les derniers déversements.

En revanche les analyses de sols, sauf dans les zones très ombragées, autour des anciennes bases aériennes et dans les endroits où des avions asperseurs se sont écrasés après avoir été touchés par des tirs, font apparaître des teneurs en dioxine proches de la normale et au-dessous des normes limites définies par l'Organisation mondiale de la santé. En dehors des séquelles dont souffrent encore les gens, notamment ceux qui étaient enfants à l'époque où ils ont été exposés aux défoliants, une seule constatation épidémiologique irréfutable a été constatée mais inexpliquée : un taux de mortalité infantile supérieur à la moyenne dans les communes ayant subi l'agent orange ou les autres désherbants.

L'expérience du Vietnam n'a été renouvelée qu'une seule fois et sur une toute petite échelle : quand Israël a détruit des cultures dans la région d'Aqaba au sud de la Jordanie. Mais c'est bien avant, à la fin des années 70, qu'a été forgée, à propos de la lutte chimique contre les Viêt-congs et la population qui les soutenait, l'expression *écocide*. Le terme peut s'appliquer aux 65 millions de mines antipersonnel qui restent disséminées dans 56 pays, tuant chaque année des hommes et des espèces sauvages.

Chapitre 3
la nature en marge de la guerre

Si la guerre ou les guérillas sont toujours des tragédies pour les humains, il se trouve que, parfois, une situation de conflit, même difficile, se révèle bénéfique, provisoirement ou durablement, à l'environnement, au milieu naturel et aux espèces sauvages. Parce que les hommes ont autre chose à faire, parce que la possession d'un fusil de chasse est dangereuse pour celui qui le porte en période troublée, parce qu'un territoire devient inaccessible, parce que survient un fait que nul ne pouvait prévoir ou encore parce que les usines s'arrêtent. Ces « miracles » survenant au cœur des guerres ou après les conflits sont suffisamment rares pour mériter d'être signalés et commentés.

Il y a bien longtemps, c'est-à-dire à peu près depuis la fin du XIXe siècle, que les saumons ne passent plus sous les ponts de Paris pour aller se reproduire vers les sources du fleuve dans lequel on pêchait abondamment pendant le siège de la guerre de 1870, avant qu'il ne soit totalement pollué. Un siège pendant lequel tous les animaux vivant à Paris, y compris une partie de ceux des deux parcs zoologiques ou les chats et les chiens, passèrent à la broche et à la casserole des Parisiens voulant se sauver de la famine. On mangea donc de l'éléphant et du pigeon. Ce fut même une mode que des naturalistes du Muséum national lancèrent en organisant un « dîner de siège » au menu duquel figuraient des cuisseaux de rat et de chien accompagnés de bégonias au jus. Les poissons de la Seine, pourtant provisoirement préservés des premières pollutions, celles des filatures où l'on rouissait le chanvre notamment, ne suffisaient pas à nourrir les affamés assiégés par l'armée allemande. À cette époque, il y avait encore quelques saumons de Seine, saumons qui disparurent dans les années 90 de ce XIXe siècle.

Pourtant, au cours des hivers de la Seconde Guerre mondiale, de 1942 à 1945, des saumons ont remonté la Seine pour aller frayer vers le plateau de Langres. Mon grand-père, pêcheur parisien acharné ayant fait son apprentissage halieutique dans la Loire, n'a jamais fait de plus belles pêches que pendant cette période, racontant même que lors du célèbre *Te Deum* de Notre-Dame en août 1944, il avait largement rempli sa musette, abrité des tirs sous un pont en contrebas de la cathédrale. Il racontait encore, des années plus tard, ses pêches quasi miraculeuses et comment il avait vu, à plusieurs reprises, des saumons sauter à la pointe du pont Henri-IV et à la pointe du Vert-Galant, à l'extrémité de l'île de la Cité. Il racontait la même chose pour « sa » Loire à laquelle il allait de temps à autre rendre visite à pied depuis Paris et, à la fin de la guerre, près de Meung-sur-Loire, il attrapait même des truites, comme au temps de sa jeunesse.

La remontée des saumons et aussi de quelques truites à Paris et dans la Marne, d'autres truites en Loire en aval d'Orléans ne relevait pas d'un miracle. Il ne s'agissait que de la conséquence logique de l'arrêt pour cause de guerre de la plupart des usines. Cet arrêt était dû au manque de main-d'œuvre, aux destructions liées d'abord aux premiers mois de la guerre puis aux bombardements alliés ou à l'absence de matières premières et de carburant. Les usines, comme le soulignaient depuis les années 20 les revues de pêche, pourrissaient les eaux de la Seine en amont de la capitale et sur tout son parcours. Il ne fallut pas longtemps, au cours de la période dite de « reconstruction », pour que les eaux du fleuve se chargent à nouveau, en l'absence de toute législation contraignante jusqu'en 1964, de produits nocifs et de lessives asphyxiant et faisant mousser les eaux.

Les saumons ont très rapidement oublié le chemin de la Seine qu'ils avaient retrouvé quelques années « grâce » à la guerre. La pollution avait repris ses droits, comme dans la Loire et un certain nombre de rivières françaises. Ce phénomène de disparition provisoire de la pollution pour cause de pannes industrielles s'observe dans de nombreux pays en guerre, au moins dans les périodes ou les territoires qui échappent aux bombardements aériens, comme en témoigne ce qui s'est passé en Croatie, en Bosnie et au Kosovo dans les premières années de guerre. Parfois, dans les Balkans, des combattants se réconciliaient brièvement au bord des rivières pour y pêcher leur subsistance, les cours d'eau retrouvant dans des sociétés industrielles leur rôle nourricier.

Cette Seconde Guerre mondiale fut également un temps de gibiers et d'espèces sauvages plus nombreux qu'entre les deux guerres. La raison en était simple : les Allemands, militaires ou policiers de la Gestapo, recherchaient en permanence les armes de chasse, les soupçonnant, souvent à juste titre, de pouvoir servir aux résistants. De plus, les chasseurs étant déjà à cette époque essentiellement des hommes (98 %, comme en 2005), ceux-ci, surtout dans les espaces ruraux, se faisaient bien plus rares, parce qu'ils étaient prisonniers de guerre, déportés du travail et, pour un petit nombre d'entre eux, partis vers la Grande-Bretagne ou l'Afrique. Déjà, mais de manière bien plus importante, les chasseurs « manquèrent » aussi dès le début de la Première Guerre mondiale puisque la proportion des hommes originaires des milieux ruraux, et le plus souvent agriculteurs, dans l'armée était bien plus grande qu'elle ne le fut pendant la Seconde Guerre mondiale.

Comme pendant la période 1914-1918, mais de façon encore plus évidente pendant le second conflit mondial, ce sont essentiellement les rapaces, les différentes espèces de canards et les petits fauves qui bénéficièrent de cette trêve. Au cours de leurs premières séances de travail après-guerre, les rescapés de la Société nationale de protection de la nature et ceux de la Ligue pour la protection des oiseaux le mentionnent explicitement mais sans en analyser toutes les raisons. L'arrêt provisoire de la chasse, ou tout au moins sa diminution très importante, comme en témoigne la chute des permis de chasse, constitue une explication ainsi que la décroissance des délits (constatés) de braconnage (donc des braconniers) ; mais pour les rapaces, la prolifération des rongeurs, nourriture des oiseaux de proie de taille moyenne, notamment dans le tiers nord-est de la France, en est une autre ; ainsi que celle des lapins pour le reste du pays et les rapaces de taille importante. Le lapin était et reste le « gibier du pauvre » et entre 1914 et 1918, tout comme dans une moindre mesure entre 1939 et 1945, tous les pauvres étaient à la guerre ou prisonniers.

Les naturalistes, comme pour la période de la Première Guerre mondiale qui connut le même phénomène de retour du sauvage, soulignent une autre raison : le départ des agriculteurs se traduisit par un brusque doublement des friches, les statistiques en font foi, dans une France qui était beaucoup plus cultivée, beaucoup plus aménagée que maintenant, notamment dans le centre du pays et dans les espaces de moyenne montagne. Certaines régions ne retrouvèrent d'ailleurs pas l'intégralité de leurs activités agricoles, ce qui contribua au sauvetage d'un certain nombre d'espèces d'oiseaux et de mammifères. Le phénomène de mise en friche involontaire, que l'on retrouve au cours de la Seconde Guerre mondiale, favorisait évidemment la prolifération d'un certain nombre d'espèces, notamment les oiseaux qui n'étaient plus dérangés ou détruits par les moissons, qu'il s'agisse des œufs ou des couvées. Même s'ils étaient moins utilisés qu'aujourd'hui, les produits de traitement phytosanitaires cessèrent pendant quelques années, ce qui favorisa le retour de nombreux insectes, nourriture des oiseaux qui en profitèrent. La mise en friche eut également des effets heureux sur la diversité de la flore. Le sauvetage de la faune et de la flore par la mise en friche fut évidemment bien plus important au cours de la Première Guerre mondiale puisque les quatre années de conflit touchèrent durement, par les départs au front et par le nombre des morts, les zones rurales et les paysans. Mais tout n'est pas rose, même dans l'exceptionnel, car la rupture des deux guerres et les exodes ruraux qui en furent, au moins en partie, la conséquence entraînèrent une fraction environnementale ; à chaque fois et surtout à l'issue de la Seconde Guerre mondiale, une partie de la population française perdit tout contact avec la nature et les espèces sauvages…

La nature de la guerre froide

À partir du mois d'août 1961, la guerre froide a amené la mise en place progressive, entre la République fédérale allemande et l'Allemagne de l'Est, d'un mur dans la région de Berlin et d'un no man's land, une zone interdite longue de 1 400 km que les hommes ne pouvaient pas fréquenter ou franchir sous peine de mort. Le mur, et la frontière pratiquement infranchissable qui le prolongeait, c'était 3 000 km de barbelés, 200 km de mur, 2 millions de tonnes de béton, 700 000 tonnes de ferrailles diverses, 800 km de fossés antivéhicules et 850 miradors. Après la chute du mur en 1989 et avec la réunification rapide des deux Allemagnes, tout cela a rapidement disparu. Il en reste une immense ceinture verte que les naturalistes allemands des Amis de la Terre décrivent ainsi : « Sur une largeur qui va de quelques dizaines à quelques centaines de mètres, s'étendent 1 400 km d'habitats naturels de grande valeur, chacun étant une véritable perle qui n'a pas de prix et un refuge unique pour des animaux et des plantes menacées. Ils vivent dans ce qui s'appelait la "zone de mort". En dépit de son passé inhumain, cette frontière a offert une pause de trente à quarante ans à la nature ; et naturellement, la nature y a prospéré. Ce qui a permis le développement de quelque chose d'extrêmement rare dans notre nature très anthropisée et utilisée : un authentique espace sauvage avec de grandes prairies en friche, des espaces couverts de buissons, des espaces boisés, des marais, de l'eau et des bruyères. La frontière zone de mort s'est transformée en une frontière de vie. »

Vue d'avion, cette ceinture verte qui s'étend des collines maritimes de la Poméranie à la Bavière est absolument fantastique : à la fois magnifique et fragile au milieu d'un paysage qui l'enserre et la guette comme une incongruité sur une surface totale de 177 km². Il n'y a pratiquement rien d'équivalent au monde à cette mince oasis de nature involontairement créée par la passion politique des hommes et de deux mondes en guerre. Les naturalistes y ont recensé 109 différents types d'habitat dont la moitié est considérée comme « en danger » sur tout le territoire allemand ; 60 % de ces habitats ont leurs surfaces couvertes par de la forêt, des rivières et des étangs, ce qui explique une biodiversité largement supérieure aux espaces qui l'entourent. Les scientifiques y recensent, par exemple, 130 espèces d'oiseaux nicheurs dont une trentaine se trouvent sur la liste rouge des espèces menacées en Allemagne. Il est possible d'y apercevoir des cigognes noires, des tétras lyres, des pies-grièches nordiques, des vanneaux huppés, des martins-pêcheurs, des cincles plongeurs, des bécassines et de nombreux rapaces nocturnes ou diurnes. La ceinture verte abrite aussi des loutres, des lynx, des chats sauvages et plusieurs espèces de chauves-souris. Les amphibiens sont également bien représentés et les botanistes ne se lassent pas d'y découvrir la flore la plus riche d'Allemagne au mètre carré. La ceinture verte, du point de vue de la flore, leur offre même des espèces endémiques qu'ils ne trouvent pas ou ne trouvent plus dans le reste du pays.

Logiquement, les écologistes allemands ont donc demandé, dès le début des années 90, la transformation de la ceinture verte en espace protégé et en 2003 une conférence internationale lui a été consacrée, le ministre fédéral de l'Environnement exprimant même le souhait que cette « ligne verte » puisse être prolongée à travers toutes les zones ayant connu une guerre jusqu'aux rives de l'Adriatique. Il n'est pas toujours facile d'assurer la protection de cet espace unique en son genre, moins facile qu'au temps de la guerre froide, car la pression urbanistique et celle de l'agriculture sont de plus en plus grandes. La ceinture a déjà presque perdu 10 % de son territoire, notamment à cause de quelques routes. Le Land de Saxe a résolu la question en déclarant sa portion de frontière « espace protégé ». Pour le reste, 200 réserves naturelles ont été ou vont être créées maintenant que l'inventaire de la ceinture est terminé, évolution facilitée par le fait que 65 % de la ceinture verte est déjà propriété de l'État fédéral. Commentaire de l'un des responsables des Amis de la Terre allemands : « Le mur et la frontière ont représenté une dépense colossale qui n'avait aucune utilité pour le futur mais la préservation de la trace qu'elle a laissée dans nos paysages représente un investissement très important pour notre avenir. » Cette frontière verte est devenue un enjeu national pour les écologistes. Il est vrai que ces 1 400 kilomètres de nature vraiment sauvage courant à travers un pays particulièrement « civilisé » et urbanisé constitueraient – et on l'espère constitueront – un passionnant mémorial à l'histoire récente des Allemands, une sorte de musée vivant en plein air à travers tous les paysages de l'Allemagne et un monument à la fois permanent et vivant à cette réunification que tous les Allemands ont souhaitée pendant des années. Il s'agirait d'une surprenante revanche sur l'Histoire, par le biais d'une nature qui, dans ce pays également, avait bénéficié de la trêve de la Seconde Guerre mondiale comme de la première.

On retrouve ce type de frontière devenue naturelle après avoir été lourdement gardée et « artificiellement » protégée, c'est-à-dire débarrassée de toutes activités humaines, et ayant donc conservé une grande richesse floristique et faunistique pour cause de tranquillité prolongée entre plusieurs pays européens. D'abord entre l'ex-Allemagne de l'Est et la Pologne, ensuite entre la Lituanie et la Pologne, entre la Pologne et la Biélorussie, entre l'Ukraine et l'ancienne Tchécoslovaquie et aussi dans la grande zone dite « des trois frontières » formée par la Hongrie, l'Ukraine et la Roumanie. Cette zone de marécages et de prairies humides fut longtemps un grand glacis interdit à tout le monde. Elle est maintenant exclusivement fréquentée par les patrouilles qui tentent d'empêcher les immigrants clandestins de venir chercher du travail dans la Communauté européenne. En suivant ces patrouilles de gardes-frontières en 2004, très fréquemment accompagné par des naturalistes hongrois, j'ai constaté à quel point ce marais des trois frontières plutôt inhospitalier à la nature humaine était riche en oiseaux, notamment en cigognes et en rapaces que personne ne dérange et ne chasse plus depuis des lustres. J'y ai également aperçu des loutres et les gardes expliquent que lorsqu'ils y circulent le soir ou à l'aube, les moments de la journée préférés par les passeurs clandestins, ils y croisent assez fréquemment des lynx. La guerre froide qu'entretenaient ces pays a été remplacée par la guerre que l'Europe leur a demandé de livrer contre l'immigration, mais les résultats pour la faune sont les mêmes.

Une guerre froide qui se poursuit naturellement

Sur le 38e parallèle, frontière délimitée en 1953 à la fin des hostilités, la guerre froide entre les deux Corées se poursuit. Plus de cinquante ans après des combats qui font fait 40 000 morts dans les forces de l'ONU (essentiellement américaines), 70 000 morts dans les forces sud-coréennes et 2 millions parmi les soldats chinois et nord-coréens, sans compter les victimes civiles, mortes de part et d'autre sous les bombardements ou à cause des famines. La guerre se déroula entre, d'une part, les forces des Nations unies, majoritairement américaines mais aussi françaises, anglaises et canadiennes ; et, d'autre part, les Nord-Coréens épaulés par des centaines de milliers de volontaires chinois. Il n'y a pas très longtemps que les deux pays, qui se combattirent férocement de 1950 à 1953, ont cessé de s'insulter pardessus leur frontière avec de puissants haut-parleurs vantant les bienfaits et les réussites de chacune des nations. Avec rappel permanent que toute personne s'aventurant dans le no man's land risquait (et risque encore) sa vie, à cause des mines placées près de la limite de chaque pays ou par des tirs éventuels des soldats qui gardent toujours étroitement la zone.

Officiellement, la Corée du Sud (99 000 km^2 et 46 millions d'habitants), qui représente le capitalisme libéral le plus débridé, et la Corée du Nord, (120 000 km^2, 25 millions d'habitants), le communisme le plus borné au monde, sont toujours en guerre. En 1953, les armes ne se sont tues que par la vertu d'un cessez-le-feu qui n'a été suivi d'aucun traité de paix, la commission d'Armistice qui siège toujours sur la Zone démilitarisée (DMZ) n'ayant pas servi à grand-chose, sinon à empêcher les deux Corées de reprendre les combats autrement que par des escarmouches qui se font de plus en plus rares. Les deux nations sont donc nettement séparées par la frontière la plus fortifiée du monde, fortifications probablement encore plus sophistiquées et infranchissables que celles qui séparaient les deux Allemagnes. Personne n'y circule plus depuis cinquante ans, un record de tranquillité pour les espèces sauvages.

Logiquement, la zone frontière, de 250 kilomètres sur une largeur qui atteint parfois 4 kilomètres, offre une extraordinaire biodiversité. Probablement une des plus riches de la région, sinon du monde. Les inventaires, incomplets parce qu'il n'est pas recommandé d'aller herboriser dans cette DMZ qui couvre 90 800 hectares, établissent la présence d'au moins 2 200 espèces de faune et de flore, avec environ deux cents espèces très menacées dans les deux Corées et dans la Chine toute proche. Les naturalistes qui rôdent à la frontière en utilisant les tours d'observation des militaires américains signalent quelques miracles : ils aperçoivent fréquemment des grues à cou blanc de Mandchourie mais surtout des panthères des neiges, des ours de l'Himalaya et des tigres de Sibérie. Ces naturalistes sont en permanence partagés entre l'envie que l'atmosphère politique change pour aller explorer ce paradis naturel et la crainte que la disparition des deux frontières infranchissables ne se traduise rapidement par un désastre écologique. Pour l'instant, et après bien des discussions, les deux pays n'ont trouvé qu'un seul accord : ils ne procéderont plus à aucun feu de broussailles sur les bords de la DMZ, même pour améliorer les conditions de surveillance de « ceux d'en face »...

Parcs de la Paix

Les naturalistes, enthousiamés par leurs découvertes, qu'ils estiment encore largement incomplètes, ont alors alerté l'Union internationale pour la conservation de la nature(UICN), et Nelson Mandela, l'ex-président sud-africain. Ce dernier a proposé aux présidents des deux pays de faire – un jour – de cette zone démilitarisée un « parc pour la Paix », qui serait interdit à toutes les forces armées et deviendrait un symbole de réconciliation. Les deux pays ont fait savoir que l'idée les intéressait. Mais comme rien n'a vraiment changé dans les relations entre les deux Corées en dehors de « l'échange » de quelques familles séparées depuis des lustres, les tigres et les ours sont assurés de conserver quelques années supplémentaires de tranquillité…

Quant à l'UICN, en se fondant sur ce qui pourrait se réaliser entre les deux Corées, elle a mis au point depuis quelques années ce concept de parc pour la Paix. Ces parcs seraient destinés à pacifier des espaces théâtres de guerre, souvent des zones transfrontières, ou tout au moins à garantir la paix une fois que les armes se sont tues. Des espaces définitivement démilitarisés ne seraient consacrés qu'à la protection de la nature et à l'écotourisme. Des espaces pour l'instant connus sous le nom de ZPT, Zones protégées transfrontières.

Les ZPT, explique l'UICN, offrent de nombreux avantages aux personnes qui vivent à l'intérieur ou à proximité et à la société en général. Ils encouragent la paix et la coopération internationale entre les pays en créant une zone protégée au niveau de leurs frontières. Ils renforcent la protection de l'environnement au travers d'écosystèmes qui sont souvent nettement plus nombreux que ceux de chaque pays. Ils permettent aussi des échanges plus efficaces d'informations et de recherches, voire une cogestion. Ils présentent aussi des avantages économiques par le tourisme. L'écotourisme, en particulier, est rendu plus intéressant par l'accès à un plus grand territoire et, éventuellement, par la compréhension des conflits que la zone a subis. Les ZPT permettraient de mieux maîtriser de nombreux problèmes transfrontaliers : exploitation illégale du bois de sciage, incendies, parasites, braconnage, pollution, pillage des espèces naturelles, contrebande, etc.

De par le monde, de nombreux espaces naturels ayant connu des guerres remplissent les conditions pour devenir des parcs pour la Paix, même s'ils ne sont pas situés aux frontières de deux ou plusieurs pays. Ils peuvent avoir été – ou être encore – le théâtre de conflits entre des ethnies ou des pays et ils peuvent servir, dans les zones où les affrontements sont en voie d'extinction, parfois par lassitude des combattants, à opposer la protection de la nature et ses avantages à la poursuite de combats sporadiques. Utopie, mais, après tout, il n'est pas interdit de rêver. Comme l'a fait dans la région de Laj Chimel, au centre du Guatemala, Rigoberta Menchú, lauréate du prix Nobel pour la paix en 1992. Elle œuvre pour que la magnifique forêt d'altitude, dans le Quiché du Guatemala, où de nombreux Indiens mayas furent tués pendant une guerre civile qui a duré plus d'une vingtaine d'années, soit protégée. Le souhait de Mme Menchú est non seulement de préserver cette magnifique forêt et de créer, en 2006, ce qu'elle appelle « une réserve écologique pour la paix », mais aussi d'y établir un centre de réconciliation.

Des projets semblables, parfois impulsés par l'Unesco, existent aux confins du Tadjikistan, qui a connu plusieurs années d'affrontements internes, et au Cachemire, où se poursuit une guerre mal éteinte entre l'Inde et le Pakistan. Preuve qu'il reste beaucoup de régions à pacifier à travers le monde, l'UICN a ainsi recensé 169 parcs de la Paix possibles dans 113 pays. Enfin, on retiendra aussi un projet postconflit qui sauverait à la fois des hommes et des animaux : il est question de déminer l'ancienne route de migration des éléphants qui ne peuvent plus quitter le parc national de Chobe au Botswana. Ils pourraient ainsi reprendre leurs migrations vers la Zambie et surtout vers l'Angola, où la paix paraît définitive depuis fin 2002. Cette intervention sauverait les hommes qui sautent toujours sur les mines et les 60 000 éléphants – alors qu'ils ne sont plus que 300 000 ou 400 000 dans toute l'Afrique – qu'il faudrait abattre au cours des prochaines années parce que leur confinement représente une pression de plus en plus insupportable pour l'agriculture et pour le milieu naturel du Botswana. Tout est prêt, il ne manque que l'argent…

CONCLUSION

Crime écologique impuni

Malgré les manœuvres de retardement et les pressions des États-Unis, dont les dirigeants ont pourtant été les premiers à utiliser le mot « génocide » à propos des événements du Soudan, les responsables, les « cavaliers arabes » du Darfour et les officiels soudanais qui les ont armés, finiront peut-être par comparaître un jour devant la Cour pénale internationale siégeant à La Haye, suivant en cela la recommandation de la commission d'enquête du Conseil de sécurité des Nations unies. La seule procédure possible puisque le Soudan, tout comme les États-Unis, n'a pas ratifié le traité de Rome de 1998 instaurant cette nouvelle juridiction mise en place en 2002. L'objectif des Nations unies : que le massacre, dans l'Ouest soudanais, de dizaines de milliers d'enfants, de femmes et d'hommes pour la seule raison qu'ils étaient Noirs ne reste pas impuni, tout comme la dévastation écologique systématique de la région dont ils ont été chassés. Au choix : génocide, crime de guerre ou plus certainement crimes contre l'humanité pour les morts, les femmes violées et les réfugiés pourchassés. Mais il sera bien plus difficile, pour le Soudan comme dans ou pour d'autres pays, de trouver les moyens juridiques de faire instruire aussi un procès pour « crimes écologiques ». Car le crime écologique ou environnemental n'est pas encore clairement formulé dans le droit international et dans le « droit » – mot tellement étrange – de la guerre.

La conscience que de tels crimes existent n'a commencé à se former dans l'opinion publique, et surtout chez les gouvernants, qu'après les défoliations de la forêt vietnamienne et les tentatives américaines, de 1966 à 1972, de provoquer artificiellement des pluies diluviennes sur la célèbre piste Hô Chi Minh qui servait à l'approvisionnement des rebelles viêt-congs, en manipulant les nuages, notamment avec de l'iodure d'argent. Cela s'appela l'opération Popeye et il n'est pas certain qu'elle fût techniquement vraiment réussie. Mais, parfois, c'est l'intention qui compte... Les expériences que les Soviétiques menaient eux aussi depuis la Seconde Guerre mondiale, en espérant maîtriser et manipuler le climat dans des buts militaires ou agricoles, ne furent pas plus concluantes, même si les citoyens russes étaient persuadés que leurs dirigeants réussissaient toujours à écarter la pluie du défilé du Premier mai. Mais, ce qui inquiète certains écologistes, c'est que les militaires n'ont pas renoncé à jouer avec le temps et le climat, qu'ils y travaillent toujours, et que leurs moyens scientifiques sont de plus en plus sophistiqués. La « guerre météo » pourrait bien un jour figurer sur la liste des crimes écologiques ou des crimes contre l'environnement.

La prise de conscience qu'il existait d'autres dégâts que ceux humains apparut fugitivement et de manière irrationnelle après les deux explosions nucléaires d'Hiroshima et de Nagasaki. Les opinions publiques et ceux que l'on appela alors des « scientifiques concernés » découvraient alors que les conséquences d'un bombardement atomique pouvaient se prolonger sur des dizaines d'années. Et dans les années 50, tandis que s'installait la guerre froide, plana le danger et surtout la peur de « l'hiver nucléaire » susceptible de survenir après des explosions atomiques. La guerre atomique, nombre de gens la considéraient alors comme inévitable, mais bien peu de politiques la jugeaient comme un « crime contre l'environnement ». Les angoisses et les avertissements des uns et des autres ne firent guère évoluer un droit de la guerre embryonnaire en ce qui concerne l'environnement. Les chefs militaires des grands pays ne tenaient pas et ne tiennent toujours pas à ce que des diplomates et des civils se mettent à limiter l'usage des fruits de leur imagination que chacun sait féconde, pour les petites comme pour les grandes guerres. Les chefs militaires se retrouvent toujours en travers de « l'amélioration » qu'ils considèrent comme une limitation des règles de la guerre, qu'il s'agisse de leurs soldats, des soldats des autres, des civils et de l'environnement.

Quatre ans après que le Suisse Henri Dunant, atterré par le champ de bataille de Solferino, eut arraché à la communauté internationale un accord pour le secours aux blessés sur les champs de bataille et surtout créé la Croix-Rouge, le « droit » de la guerre commença à s'écrire. Pour ce qui concerne les « méthodes de guerre », la déclaration internationale de Saint-Pétersbourg, en 1869, est considérée comme le point de départ d'une préoccupation qui n'a pas encore vraiment abouti puisqu'elle expliquait notamment que « le droit des Parties aux conflits de choisir des méthodes ou moyens de guerre n'est pas illimité ». Affirmation solennelle qui n'empêcha pas la France et l'Allemagne d'avoir recours à toute une série de gaz chimiques pendant la Première Guerre mondiale.

Convention de Genève

Pour ce qui concerne la Convention de Genève signée en 1949, il faut lire jusqu'au bout l'article 35 alinéas 2 et 3, portant sur les « moyens de guerre illicites », pour trouver une première allusion explicite à la question de l'environnement.

« Il est interdit d'employer des armes, des projectiles et des matières ainsi que des méthodes de guerre de nature à causer des maux superflus.

« Il est interdit d'utiliser des méthodes et des moyens de guerre qui sont conçus pour causer ou dont on peut attendre qu'ils causeront des dommages étendus, durables et graves à l'environnement naturel. » Quasiment mieux, pour l'époque, que la législation sur la protection de la nature qui était inexistante dans de nombreux pays.

Mais les violations de l'interdiction, dont on aura pu trouver quelques exemples dans les différents chapitres de ce livre, n'impliquent aucune comparution devant un quelconque tribunal. Tout juste des condamnations politiques, des discours, des résolutions ésotériques ou non appliquées du Conseil de sécurité aux Nations unies ou des protestations des organisations de défense des droits de l'homme et d'Amnesty International. D'autant plus que les États, les armées ou les organisations coupables peuvent argumenter sans fin sur la définition des « dommages étendus, durables et graves ». En outre, aucune interprétation n'apporte la preuve que les trois adjectifs doivent ou ne doivent pas s'appliquer en même temps. Quels pays ont été confrontés à des difficultés internationales sérieuses pour avoir défolié des forêts, fait exploser des usines chimiques, mis le feu à des puits de pétrole, utilisé des obus à uranium appauvri, pollué des fleuves, détruit des réservoirs ou rasé des forêts ? Aucun. Il faut attendre « que le droit s'impose », paraît-il, ou qu'une authentique agence mondiale de l'environnement soit dotée de réels pouvoirs. Alors, pour la destruction d'un écosystème ou d'un réseau d'irrigation, le pillage systématique d'une forêt, l'éradication volontaire d'une ou de plusieurs espèces rares et la pollution systématique des nappes phréatiques, il faudra également attendre. Mais un peu plus longtemps sans doute.

En 1976, la convention internationale ENMOD a pourtant tenté d'aller un peu plus loin en prohibant « les techniques de modification de l'environnement naturel ayant des effets étendus, durables ou graves, en tant que moyen de causer des destructions, des dommages ou des préjudices à tout autre État partie ». Une allusion claire, notamment, aux techniques de défoliation des forêts. Les États-Unis ont signé ce texte en 1980, tout comme l'Union soviétique. Mais la Russie n'a pas confirmé cet engagement, qui pour l'instant n'a été accepté que par 71 pays. La même année, le CICR, Comité international de la Croix-Rouge, a adopté une nouvelle convention condamnant l'utilisation « des techniques militaires ou autres techniques qui causeraient des modifications de l'environnement ». Sans plus de résultats puisque aucune sanction n'est prévue.

Protection de l'environnement naturel

L'année suivante, l'adoption, après de longues négociations, du Protocole I annexé à la Convention de Genève n'a guère fait progresser la mise en cause des crimes écologiques ou environnementaux malgré l'adoption d'un article 55 sur « la protection de l'environnement naturel », qui stipule que « la guerre sera conduite en veillant à protéger l'environnement naturel contre des dommages étendus, durables et graves. Cette protection inclut l'interdiction d'utiliser des méthodes ou des moyens de guerre conçus pour causer ou dont on peut attendre qu'ils causeront de tels dommages à l'environnement naturel, compromettant de ce fait la santé ou la survie de la population ». Un texte qui, en reprenant les notions « étendus, durables et graves » que l'on a déjà rencontrées, laisse clairement entendre que tous les dommages à l'environnement ne sont pas « hors la loi » et qu'il y aurait donc des atteintes à l'environnement « acceptables ». Pour la première fois, l'article 54 de ce même protocole interdit, « quel que soit le motif d'attaquer, de détruire, d'enlever des biens indispensables à la survie de la population civile tels que les installations et réserves d'eau potable et les ouvrages d'irrigation ». L'article 56 évoque la même interdiction pour les barrages, les centrales nucléaires et les centrales de production électrique. Ce progrès n'a pas empêché le bombardement de ce genre d'installations en Serbie, au Kosovo, au Sri Lanka ou en Irak et leur destruction au Timor-Oriental, en Sierra Leone, en Palestine, en Érythrée ou au Soudan, sans que la communauté internationale n'intervienne vraiment. Car de toute façon ces textes, comme les précédents, ne comportent aucune menace de sanction. Le Protocole I de 1977, tout comme le Protocole II concernant les conflits intérieurs, n'a pas été accepté par tous les pays, en particulier par les États-Unis. Et malheureusement, la proposition australienne, plus claire, visant à interdire « toute dégradation de l'environnement en tant que technique de guerre », n'a pas été retenue. Le détail des discussions de la commission ayant traité de ce texte n'est hélas pas public et on ne connaît ni les arguments utilisés ni les pays qui se sont opposés à cette simplification. Plus tard, en 1992, la conférence mondiale de Rio sur l'environnement a adopté un « principe » stipulant que « les États s'engagent à respecter le droit international prévoyant la protection de l'environnement en temps de conflits armés ». La conférence de Johannesburg en 2002 a fait la même chose en expliquant qu'il y avait incompatibilité, on s'en doutait un peu, entre la guerre et le développement durable. Il existe même une Charte mondiale pour la nature, adoptée par l'assemblée générale des Nations unies, qui évoque explicitement « les effets des conflits armés sur l'environnement ». Elle n'empêche aucune armée ni aucun chef de guerre de dormir.

La Cour pénale internationale

S'agissant de la Cour pénale internationale créée en 1998, la lecture des 34 incriminations possibles pour crimes de guerre dans les conflits internationaux et des 16 incriminations concernant les conflits internes ne permet d'identifier qu'un seul article conduisant éventuellement à la mise en examen d'un groupe ou d'un État coupable. Il ne constitue d'ailleurs que la reprise, mais avec encore plus de prudence, du texte du Protocole de la Convention de Genève.

« Le fait de lancer une attaque délibérée en sachant qu'elle causera incidemment des pertes en vies humaines et des blessures parmi la population civile, des dommages aux biens de caractère civil ou des dommages étendus, durables et graves à l'environnement naturel qui seraient manifestement excessifs par rapport à l'ensemble de l'avantage militaire concret et direct attendu. »

En officialisant pour la qualification de crime les dégâts infligés à l'environnement, et donc pour une éventuelle inculpation, une sorte de proportionnalité dont le mode d'emploi n'est d'ailleurs pas fourni par le texte, le traité de la Cour pénale de La Haye écarte pratiquement toute possibilité d'action judiciaire internationale. S'il a de toute évidence progressé dans le domaine de l'humanitaire, le droit international a plutôt régressé en matière d'environnement. En fait, il n'existe pas encore. Avec cet article, les signataires du traité de création de la Cour adopté le 17 juillet 1998 à Rome par 120 voix contre 7 et 21 abstentions ont cherché, et manifestement réussi, à se préserver des conséquences des tentations de plus en plus grandes de s'en prendre aussi à l'environnement d'un pays pour mieux le vaincre ou le contrôler. La crainte de la manipulation climatique, même si elle tombait sous le coup de la Cour pénale, n'est certainement pas seulement un fantasme. Commentaire du directeur du Programme des Nations unies pour l'environnement, Klaus Toepfer : « Le droit international en matière de l'environnement est encore au stade de l'enfance, la guerre l'a dépassé depuis longtemps. » Pourtant, depuis 2002, les Nations unies et le Programme des Nations unies célèbrent chaque année une « journée internationale pour la prévention de l'exploitation de l'environnement en temps de guerre et de conflits armés ». Elle permet au Secrétaire général des Nations unies de faire un beau discours : « J'exhorte la communauté internationale à étudier comment les mécanismes juridiques et autres dispositifs pourraient être renforcés dans un sens qui encouragerait la protection de l'environnement en temps de guerre. Car défendre l'environnement dans une optique à long terme n'est pas un luxe ; c'est la condition préalable de la paix et de la prospérité future de notre planète. » L'occasion pour les ONG de publier une information rappelant que la fabrication d'une mine antipersonnel coûte 2 dollars tandis que son désamorçage par des spécialistes revient en moyenne à un millier de dollars par mine. Le budget de l'ONU consacré à l'environnement est actuellement de 100 millions de dollars par an, soit 1 % du coût de la construction du porte-avions nucléaire *Charles-de-Gaulle*.

Des États timides

Dans une analyse publiée en 2001, une juriste de l'université de Lausanne a observé : « Même en faisant abstraction de cette condition de proportionnalité, la difficulté de définition des trois adjectifs « étendu, durable et grave » persiste. [...] Ainsi les dommages causés sur le territoire du Koweït et des États voisins n'entrent probablement pas dans le champ d'application de ces articles [...] L'application de l'article 8 et en particulier ses règles concernant l'environnement en temps de conflit armé reste un sujet à revoir. Malheureusement, les doutes quant à son apport efficace pourraient s'avérer comme étant bien fondés dans la réalité. »

Une des commissions du comité préparatoire à ce traité, au terme de longues discussions, avait prévu de compléter l'article 8, pour les conflits internationaux comme pour les guerres internes, avec un alinéa définissant avec précision les crimes de guerre liés à l'environnement. Cet article, qui ne comportait aucune précaution oratoire ni aucune échappatoire, n'a pas été retenu. Il prévoyait en particulier la saisine directe de la Cour en cas « d'atteinte volontaire, étendue et à long terme à l'environnement naturel », sans la moindre restriction ni proportionnalité. Comme en 1977, les débats de ce comité se sont déroulés à huis clos, et il n'existe pas de compte-rendu des débats ayant abouti au refus de ce texte. Mais il semble patent qu'il a notamment été combattu (avec succès) par la Russie, la Chine, l'Indonésie et les États-Unis. Ces derniers, après avoir signé le traité, ont refusé de le ratifier et s'efforcent, souvent avec succès, de passer des accords bilatéraux avec des États signataires pour qu'ils s'engagent à ne jamais livrer de ressortissants américains à la Cour pénale.

Probablement parce qu'ils mettent en jeu trop d'intérêts politico-économiques, les crimes écologiques ou environnementaux, les atteintes aux écosystèmes, les pillages des richesses naturelles, tout comme les destructions de la biodiversité, trop souvent causes de conflits, ne sont pas près de se trouver une assise légale. Les « coupables » peuvent dormir tranquilles. Il faudra peut-être une catastrophe à l'échelle du génocide du Rwanda ou des crimes commis dans les pays de l'ex-Yougoslavie et au Cambodge, événements qui ont généré leurs propres tribunaux internationaux et menés à la création de la Cour Internationale, pour que se formule un droit et une répression internationale dans le domaine de l'écologie. Alors que depuis 1972, à la Conférence des Nations unies pour l'environnement de Stockholm, les membres de l'ONU ont reconnu une « obligation de respecter l'environnement en général » et « l'obligation de ne pas causer de dommages à l'environnement situé au-delà de leur compétence territoriale ». Y compris en temps de paix…

La guerre propre n'existe pas

Comme le remarquaient les responsables de l'UICN, l'Union internationale pour la conservation de la nature, lors de leur réunion mondiale de 2004 : « Un conflit armé est toujours un échec tragique. Bien que dans certaines circonstances extrêmes la force s'avère nécessaire pour passer à une nouvelle étape de coopération et de progrès, le prix humain et écologique à payer pour entreprendre une guerre moderne est colossal et la dette environnementale qu'elle laisse derrière elle prend des années ou des décennies pour être remboursée. […] L'UICN a participé à l'évaluation des conséquences environnementales de la première guerre du Golfe et a conclu que les dommages ont été étendus et dévastateurs, allant bien au-delà des frontières de la zone de conflit. La répétition des dommages causés par la dernière aux fleuves, aux zones humides, aux marais, aux déserts et aux mers, aura des impacts à long terme sur l'environnement naturel. Les dommages environnementaux causés par les conflits armés peuvent compromettre l'intégrité des ressources naturelles dont dépendent des millions de personnes pour leur existence. »

Aucune guerre, intérieure, internationale, tribale, « propre », technologique, rapide, longue ou de « basse intensité », comme on l'entend parfois dire dans les organismes internationaux, ne laisse intacts l'environnement et la nature. Toutes les guerres produisent sur la nature des effets qui durent ou perdurent des dizaines d'années. Nous ne sommes pas au bout des mauvaises surprises que nous apportent les 120 conflits qui se sont déroulés entre 1989 et 2004, et qui, pour certains, durent encore. De plus, nous avons pu le voir dans notre tour du monde des affrontements, les guerres modernes qui font appel à des technologies de pointe ne sont pas plus inoffensives pour la nature et l'environnement que les guerres traditionnelles, plus rustiques. Les désastres sont parfois différents mais d'une intensité et d'une gravité égales. Dans l'un et l'autre cas, il est clair que la protection de la nature et de l'environnement ne justifie jamais, pour les gouvernements, que l'on risque la vie d'un seul soldat occidental.

Que la guerre soit ou non, c'est une question philosophique, indissociable de la nature ou de la condition humaine, il est également clair que la préoccupation environnementale n'est et ne sera jamais prioritaire pour une armée ou un groupe de rebelles. Mon expérience de journaliste m'a appris le contraire et me rappelle constamment que, lorsque les armées ou les combattants sont réconciliés, leur nature et leur environnement restent marqués, transformés. Il est même à craindre que la destruction de l'environnement fasse de plus en plus partie des stratégies d'attaques et de combats, le modernisme en plus. Priver les habitants d'un pays d'eau, d'assainissement, de téléphone ou d'électricité, les chasser de leurs espaces agricoles, anéantir leurs forêts, polluer leurs fleuves et rivières, empoisonner les puits, comme les Serbes l'ont fait au Kosovo, éventuellement modifier leur climat est aussi efficace et moins coûteux que de détruire leurs armées. Retour en quelque sorte, aux méthodes d'Alexandre le Grand, de Nabuchodonosor et de Gengis Khan.

Il est d'ailleurs à craindre, l'Afrique et l'Asie commencent à le montrer, que les changements climatiques engendrent prochainement de nouveaux conflits. Chassés par la modification ou la désertification de leurs écosystèmes, des populations chercheront à se déplacer, trouvant sur leurs routes d'autres populations bien décidées à ne pas partager leurs territoires, leurs richesses ou leur pauvreté. Cela entraînera évidemment une instabilité grandissante et des conflits préjudiciables à l'environnement. Surtout quand les Occidentaux, Européens ou Américains viendront s'en mêler « pour défendre leurs intérêts » en ayant recours à leurs guerres propres, technologiques et efficaces qui détruiront aussi sûrement la nature et l'environnement. D'autant plus, et je tiens ce jugement d'un chef rebelle kosovar, le commandant Jukur, qui fut un jour, après la guerre, assassiné pour sa franchise, que « les dirigeants favorisent souvent la guerre parce que la guerre favorise les dirigeants ».

Nous nous étions promis, au cours d'une longue conversation dans son maquis, en observant les Serbes qui le guettaient, qu'une fois sa guerre terminée nous irions pêcher la truite ensemble dans la Klina « avant qu'elle soit à nouveau polluée par la paix ».

Bibliographie

ACTION CONTRE LA FAIM, *Géopolitique de la faim*, Presses universitaires de France, 2004.

Afghanistan, post-conflit environmental assesment, Unep, 2003.

BALENCIE JEAN-MARC, DE LA GRANGE ARNAUD, *Les Nouveaux Mondes rebelles*, Michalon, 2004.

CORVOL ANDRÉ et AMAT JEAN-PAUL, *Forêt et Guerre*, L'Harmattan, 1994.

Depleted uranium in Bosnia and Herzegovina, Unep, 2003.

Desk study on the environment in Irak, Unep, 2003.

Desk study on the environment in Liberia, Unep, 2004.

Desk study on the environment in the occupied Palestinian territories, Unep, 2003.

Environmental hazards of war, Unep, Ed Arthur H. Westing, 1990.

L'État du monde 2005, Éd. La Découverte.

HABIB AYEB, *L'Eau au Proche-Orient*, Éd. Karthala-Cedes, 1998.

« Manière de voir : les génocides dans l'Histoire », numéro spécial (n° 76) du *Monde Diplomatique*, août-septembre 2004.

Les Massacres et la Guerre chimique en Asie du Sud-Est, OUVRAGE COLLECTIF, Éd. Maspéro, Cahiers Libres, 1970.

Natural ressoures and violent conflicts, The World Bank, Ed. Ian Bannon & Paul Collier, 2003.

RICHARDS PAUL & RUIVENKAMP GUIDO, *Seeds and survival*, Ed. IPGRI, 1997.

SMOUTS MARIE-CLAUDE, *Forêts tropicales, jungle internationale*, Presses de Sciences-Po, 2001.

Survival, « Histoires et vies des peuples indigènes du XXIe siècle », revue bimestrielle.

Achevé d'imprimer en août 2005
sur les presses de l'imprimerie France Quercy, France.